滇中引水工程
测量控制系统关键技术研究与实践

Research and Practice on Key Technologies of
Surveying Control System for
Water Diversion Project in Central Yunnan

张辛　杨爱明　姜本海　周翔　著

长江出版社
CHANGJIANG PRESS

图书在版编目(CIP)数据

滇中引水工程测量控制系统关键技术研究与实践 /
张辛等著. 一武汉：长江出版社，2020.5
　ISBN 978-7-5492-6904-4

　Ⅰ.①滇… Ⅱ.①张… Ⅲ.①引水－水利工程测量－
研究－云南 Ⅳ.①TV67

　中国版本图书馆 CIP 数据核字(2020)第 045444 号

滇中引水工程测量控制系统关键技术研究与实践					张辛 等著

责任编辑：郭利娜
装帧设计：汪雪
出版发行：长江出版社
地　　址：武汉市解放大道 1863 号　　　　　　　　　　　　邮　　编：430010
网　　址：http://www.cjpress.com.cn
电　　话：(027)82926557(总编室)
　　　　　(027)82926806(市场营销部)
经　　销：各地新华书店
印　　刷：武汉科源印刷设计有限公司
规　　格：787mm×1092mm　　　　　1/16　　　　12.25 印张　　　325 千字
版　　次：2020 年 5 月第 1 版　　　　　　　　　2020 年 6 月第 1 次印刷
ISBN 978-7-5492-6904-4
定　　价：72.00 元

前　言

　　云南有六大水系,拥有水资源总量2200亿 m³,但占云南省40％的人口、70％的生产总值的滇中地区的水资源量仅占全省的12％。特别是滇池流域,人均占有水资源量只相当于全国平均水平的8.5％。从金沙江上游实施滇中引水工程,可以从根本上解决滇中地区严重的缺水现状。

　　滇中引水工程是国务院确定的172项节水供水重大水利工程中的标志性工程,也是中国西南地区规模最大、投资最多的水资源配置工程。滇中引水工程引水路线长达661km,工程多年平均引水量34.03亿 m³,工程受水区为云南省内6个州市的35个县,受水面积达3.69万 km²。滇中引水工程估算静态总投资约达847.09亿元,工程规模宏大、结构复杂、技术难度高。该工程建成后,可从水量相对充沛的金沙江干流引水至滇中地区,缓解滇中地区城镇生产生活用水矛盾,改善区内河道和湖泊生态及水环境状况,将有力促进云南经济社会的可持续发展。

　　本书是长江空间信息技术工程有限公司(武汉)对滇中引水工程测量控制系统的研究与实践全过程进行的总结。全书共11章。第1章概述,简要介绍了滇中引水工程概况、施工控制网建立的必要性、国内外相关技术的研究现状。第2章干渠控制网的建立研究,进行了测距边变形的理论分析、测区分带设置与变形分析、测区抵偿投影面的设置分析,并针对滇中引水工程的特点提出了控制干渠长度变形的有效方案。第3章干渠控制网的精度与等级论证,从高程与平面两个方面开展工作;在高程方面论证了首级高程控制网的精度与等级、加密高程控制网的精度与等级、高程控制网日月引力误差;在平面方面也论证了首级平面控制网与加密控制网的精度与等级。第4章建筑物控制网的建立研究,是基于滇中引水工程中典型的隧洞建筑物开展系统研究。本章主要包括隧洞控制网设计、隧洞控制网的贯通误差分析、隧洞控制网的布设研究,以及隧洞控制网的建立分析。第5章椭球变换与控制网衔接研究,对椭球膨胀法、椭球变形法、椭球平移法进行了系统性的分析与对比,并根据滇中引水工程特点选定了适用性的方法。第6章高精度施工控制网的数据处理研究,包括 GAMIT-GLOBK 处理模型研究和常用数据处理软件的比对研究,并进行了数据处理软件的工程适用性分析。第7章施工控制网的总体设计,介绍了施工控制网的设计原则、已有资料的分析及利用情况、坐标基准的确立、平面施工控制网及高程施工控制网的设计,以及测量标志的设计。第8章平面施工控制网的建立,介绍了平面施工控制网的布设、选点及观测墩建造、观测实施、数据处理、质量统计和精度分析的全过程。第9章高程施工控制网的建立,介绍了高程施工控制网的布设、选点及标志埋设、观测实施、数据处理、质量统计和精度分析的全过程。第10章施工控制网的成果使用,简要介绍了成果使用的技术规定,以及平面控制网成果和高程控制网成果的使用要求。第11章施工控制网的维护与复测,简要介绍了施工控制网受影响的主要因素、施工控制网的维护方案,以及施工控制网的复测建议。

滇中引水工程测量控制系统的研究与建立工作,得到了云南省滇中引水工程建设管理局的大力支持,得到了解放军信息工程大学许其凤院士团队、武汉大学李建成院士团队的技术指导,长江勘测规划设计研究院、中电建昆明勘测设计研究院、云南省水利水电勘测设计研究院的众多测量工程师和技术人员参与的项目的实施,付出了艰辛的努力,在此一并表示感谢。

由于作者的水平和经验所限,书中难免有疏漏或瑕疵,敬请读者谅解指正。

著 者

2019 年 9 月于武汉

目录

第1章　概　述 …………………………………………………………… 1

　1.1　工程概况 ………………………………………………………… 1

　　1.1.1　工程总格局 ………………………………………………… 2

　　1.1.2　水源工程布置 ……………………………………………… 2

　　1.1.3　输水工程布置 ……………………………………………… 3

　1.2　工程区域自然地理概况 ………………………………………… 6

　　1.2.1　气象条件 …………………………………………………… 6

　　1.2.2　交通条件 …………………………………………………… 7

　　1.2.3　地质条件 …………………………………………………… 7

　　1.2.4　民族情况 …………………………………………………… 8

　1.3　施工控制网的建立必要性 ……………………………………… 8

　1.4　国内外研究现状 ………………………………………………… 9

　　1.4.1　工程控制系统的研究现状 ………………………………… 9

　　1.4.2　隧洞控制网的研究现状 …………………………………… 10

　　1.4.3　椭球变换的研究现状 ……………………………………… 11

　　1.4.4　控制网的数据处理研究现状 ……………………………… 12

第2章　干渠控制网的建立研究 ………………………………………… 14

　2.1　测距边变形的理论分析 ………………………………………… 14

　　2.1.1　高程归化变形 ……………………………………………… 14

　　2.1.2　高斯改化变形 ……………………………………………… 15

　　2.1.3　综合变形 …………………………………………………… 15

2.2　测区分带设置与变形分析 ··· 16

 2.2.1　国家统一 3°带坐标变形分析 ··· 16

 2.2.2　国家统一 1°带坐标变形分析 ··· 17

2.3　测区抵偿投影面的设置分析 ··· 17

 2.3.1　抵偿投影面的选择方法 ·· 17

 2.3.2　测区抵偿投影面的选定 ·· 19

第 3 章　干渠控制网的精度与等级论证 ··· 20

3.1　高程控制网的选定 ··· 20

 3.1.1　首级高程控制网精度与等级 ··· 20

 3.1.2　加密高程控制网精度与等级 ··· 22

 3.1.3　高程控制网日月引力误差分析 ······································ 23

3.2　平面控制网的选定 ··· 23

 3.2.1　首级平面控制网精度与等级 ··· 24

 3.2.2　加密平面控制网精度与等级 ··· 24

第 4 章　建筑物控制网的建立研究 ·· 25

4.1　隧洞控制网设计 ··· 25

 4.1.1　隧洞外 GPS 平面控制网设计 ·· 25

 4.1.2　隧洞内导线网设计 ··· 26

 4.1.3　高程控制网设计 ·· 28

4.2　隧洞控制网的贯通误差分析 ··· 28

 4.2.1　洞外 GPS 网误差分析 ·· 28

 4.2.2　洞内控制网误差分析 ·· 32

 4.2.3　横向贯通误差值班的确定与分配 ··································· 34

4.3　隧洞控制网的布设研究 ·· 36

 4.3.1　万家隧洞布网研究 ··· 37

 4.3.2　巩树隧洞布网研究 ··· 38

 4.3.3　香炉山隧洞布网研究 ·· 39

4.4　建筑物控制网的建立分析 ·· 40

第5章　椭球变换与控制网衔接研究 ·································· 41

5.1　椭球膨胀法 ··· 41

5.1.1　方法研究 ··· 41

5.1.2　工程应用分析 ··· 45

5.1.3　方法适用性分析 ·· 47

5.2　椭球变形法 ··· 48

5.3　椭球平移法 ··· 49

5.4　椭球变换方法对比与选定 ·· 49

5.4.1　椭球参数变化分析 ·· 49

5.4.2　大地坐标变化分析 ·· 50

5.4.3　高斯投影坐标变化分析 ·· 50

5.4.4　二维点相对运动分析 ·· 51

5.4.5　长度变形分析 ··· 52

5.4.6　方法特点对比 ··· 52

5.4.7　椭球变换方法选定 ·· 52

第6章　高精度施工控制网的数据处理研究 ························ 54

6.1　GAMIT-GLOBK 处理模型研究 ·· 54

6.1.1　数据准备 ··· 54

6.1.2　模型搭建 ··· 55

6.1.3　基线处理 ··· 56

6.1.4　平差处理 ··· 56

6.1.5　精度与可靠性分析 ·· 57

6.2　数据处理软件的比对研究 ·· 59

6.2.1　数据处理软件介绍 ·· 59

6.2.2　基线解算研究 ··· 60

6.2.3　坐标平差研究 ··· 66

6.3 数据处理软件的工程适用性分析 ·················· 69

6.3.1 基线处理软件的选用 ························ 69

6.3.2 平差软件的选用 ·························· 71

第7章 施工控制网的总体设计 ················· 72

7.1 施工控制网的设计原则 ························ 72

7.2 已有资料的分析及利用 ························ 72

7.2.1 已有控制资料情况及利用 ···················· 72

7.2.2 已有地形图资料情况及利用 ··················· 73

7.2.3 已有航空航天影像资料及利用 ·················· 74

7.2.4 已有设计报告图纸资料及利用 ·················· 75

7.3 坐标基准的确立 ··························· 75

7.3.1 坐标系统 ···························· 75

7.3.2 投影带选择 ··························· 75

7.3.3 投影面设置 ··························· 76

7.4 平面施工控制网设计 ·························· 77

7.4.1 一等平面控制网设计 ······················ 77

7.4.2 二等平面控制网设计 ······················ 80

7.5 高程施工控制网设计 ·························· 92

7.5.1 输水工程二等高程控制网设计 ·················· 92

7.5.2 建筑物三等高程控制网设计 ··················· 95

7.6 测量标志的设计 ··························· 96

7.6.1 测量标志的标型选择 ······················ 96

7.6.2 控制点的编号 ·························· 99

第8章 平面施工控制网的建立 ················· 106

8.1 平面施工控制网的布设 ························ 106

8.2 选点及观测墩建造 ··························· 106

8.2.1 一等平面控制网点的选埋 ···················· 106

8.2.2　二等平面控制网点的选埋 ················· 106

8.2.3　观测墩建造 ····················· 107

8.2.4　点之记绘制 ····················· 109

8.2.5　布置图的绘制 ··················· 110

8.3　观测实施 ··························· 111

8.3.1　采用仪器 ······················ 111

8.3.2　观测实施 ······················ 111

8.3.3　观测数据检验及整理 ··············· 116

8.4　数据处理 ··························· 117

8.4.1　数据处理方案 ··················· 117

8.4.2　一等平面控制网基线解算 ··········· 117

8.4.3　联测的国家控制点情况 ············· 118

8.4.4　一等平面控制网平差计算 ··········· 121

8.4.5　二等平面控制网基线解算 ··········· 125

8.4.6　二等平面控制网平差计算 ··········· 126

8.5　质量统计和精度分析 ················· 126

8.5.1　一等平面控制网质量统计和精度分析 ··· 126

8.5.2　二等平面控制网质量统计和精度分析 ··· 133

8.5.3　与实测边长的比较情况 ············· 146

8.5.4　与原控制点的比较情况 ············· 146

第9章　高程施工控制网的建立 ··············· 150

9.1　高程施工控制网的布设 ··············· 150

9.2　选点及标志埋设 ····················· 150

9.2.1　高程控制点的选点情况 ············· 150

9.2.2　标石埋设 ······················ 151

9.2.3　点之记绘制 ····················· 154

9.3　观测实施 ··························· 155

    9.3.1　采用仪器 ·· 155

    9.3.2　观测实施 ·· 155

    9.3.3　国家一等水准点检验分析及利用情况 ············ 158

    9.3.4　观测数据检验及整理 ································ 162

  9.4　数据处理 ·· 162

    9.4.1　数据处理方案 ·· 162

    9.4.2　二等高程控制网的数据处理 ····················· 162

    9.4.3　三等高程控制网的数据处理 ····················· 163

  9.5　质量统计和精度分析 ······································ 164

    9.5.1　二等高程控制网质量统计和精度分析 ············ 164

    9.5.2　三等高程控制网质量统计和精度分析 ············ 166

    9.5.3　与原控制点的比较情况 ···························· 170

第 10 章　施工控制网成果的使用 ······················· **173**

  10.1　成果使用的技术规定 ···································· 173

  10.2　平面控制网成果的使用 ································· 173

  10.3　高程控制网成果的使用 ································· 174

第 11 章　施工控制网的维护与复测 ····················· **177**

  11.1　施工控制网受影响的主要因素 ······················ 177

  11.2　施工控制网的维护 ······································ 177

  11.3　施工控制网的复测 ······································ 178

参考文献 ··· **179**

第1章　概　述

1.1　工程概况

云南有六大水系,拥有水资源总量 2200 亿 m³,但占云南省 40% 的人口、70% 的生产总值的滇中地区的水资源量仅占全省的 12%,特别是滇池流域,人均占有水资源量只相当于全国平均水平的 8.5%。在金沙江上游实施引水工程,可以从根本上解决滇中地区严重的缺水现状。

滇中地区地处云南高原中北部与横断山脉交接带,属川滇山地,以横断山系高山、中山、高原盆地为主,总体地势西北高而东南低,具备从西北向东南自流引水的条件。滇中引水工程是一项以城镇生活与工业供水为主,兼顾农业和生态用水的大型引水工程,工程受水区为云南省内的丽江、大理、楚雄、昆明、玉溪、红河 6 个州市的 35 个县,输水总干渠长 661.06km,受水区面积达 3.69 万 km²,工程多年平均引水量 34.03 亿 m³。滇中引水工程等别为 I 等工程,主要建筑物级别为 1 级,次要建筑物为 3 级。滇中引水工程总布置如图 1.1-1 所示。

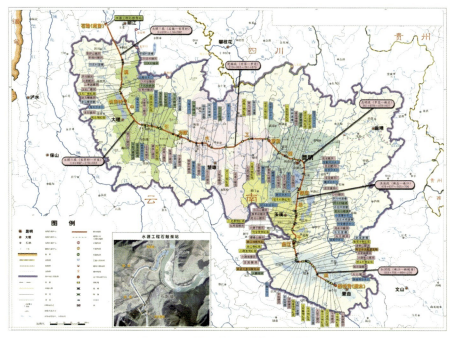

图 1.1-1　滇中引水工程总布置图

1.1.1 工程总格局

滇中引水工程由石鼓水源工程和输水工程组成。输水总干渠顺地势由高至低,具备自流输水的条件,向大理、楚雄、昆明、玉溪和红河供水。总干渠渠首设计流量为 $135m^3/s$,总干渠入楚雄州(万家)、昆明市(螳螂川)、玉溪市(阿斗村)、红河州(跃进)设计流量分别为 $120m^3/s$、$95m^3/s$、$40m^3/s$、$20m^3/s$,渠末设计流量 $20m^3/s$。

(1)水源工程

滇中引水工程水源为石鼓无坝取水,采用提水泵站取金沙江水。取水工程主要由引水渠、泵站、地面开关站等组成。

引水渠布置于石鼓镇大同村下游金沙江右岸滩地,全长 $1257m$,由沉砂池段和连接段两部分组成。

泵站地下厂房近东西向分布于冲江河右岸山体中,按一级地下泵站布置。泵站建筑物主要由进水塔、进水流道(含进水隧洞、进水埋涵、进水调压室)、主变洞、主泵房及安装场、出水隧洞、出水池、地面开关站、交通洞、通风洞、电缆洞及厂外排水系统等组成。

(2)输水工程

输水总干渠自丽江石鼓渠首由北向南布设,穿香炉山长隧洞,到大理鹤庆松桂,后向南进入澜沧江流域至洱海东岸长育村;在洱海东岸转而向东南,经祥云至楚雄,在楚雄北部沿金沙江、红河分水岭由西向东至罗茨,进入昆明;沿昆明东北部城区外围转而向东南至新庄,向南进入玉溪杞麓湖西岸;在旧寨转向东南进入红河建水,至红河蒙自,终点为新坡背。

输水工程全线可划分为大理Ⅰ段、大理Ⅱ段、楚雄段、昆明段、玉溪红河段等 5 段。大理Ⅰ段为石鼓—长育村,长 $115.61km$;大理Ⅱ段为长育村—万家,长 $102.74km$;楚雄段为万家—罗茨,长 $142.91km$;昆明段为罗茨—新庄,长 $115.04km$;玉溪红河段为新庄—蒙自,长 $184.76km$。

1.1.2 水源工程布置

滇中引水工程水源为石鼓无坝取水,建筑物主要包括引水渠、进水塔、进水流道、泵站地下厂房、出水隧洞、出水池、地面开关站等。

引水渠布置于石鼓镇大同村下游金沙江右岸滩地,全长 $1257m$,由沉砂池段和连接段两部分组成。

进水塔采用岸塔式钢筋混凝土结构,顺水流向依次布置拦污栅段、喇叭口段及检修闸门井段。为满足进水塔对外的交通运输,塔后填筑平台与边坡公路相通。

进水流道采用六机一洞,分 $1^\#$、$2^\#$ 两个水力单元布置,每个水力单元由进水隧洞、调压室、进水埋涵、岔管及支洞组成,入口中心线高程 $1806.5m$,出口中心线高程 $1782.75m$,主洞长 2898.49m(1[#]主洞)、2748.21m(2[#]主洞),支洞长 83.52～122.13m。

泵站地下厂房近东西向分布于冲江河右岸山体中,按一级地下泵站布置。设计抽水流量 135m³/s,最大提水净扬程 218.83m;共安装 12 台离心式水泵机组,其中备用机组 2 台,总装机容量 492MW。主要由主变洞、主泵房及安装场、交通洞、通风洞、电缆洞及厂外排水系统等组成。

出水隧洞采用六机一洞,支洞轴线与主泵房纵轴线垂直,长 50.57～105.46m,洞径 2.5m;主洞洞线平面上呈直线布置,并与主泵房垂直,洞轴线长约 279.91m,洞径 6.0m,其在立面上由下平高压段、下弯段、竖井段等组成。

出水池是连接出水隧洞和香炉山隧洞的建筑物,布置于出水隧洞竖井段顶部山体内。出水池采用六机一池布置,2 个出水池末端通过汇流段连通,后经渐变段与香炉山隧洞相连。

地面开关站位于进水口左侧山坡上,并布置有地面操作管理楼。交通洞是地下泵房的主要对外交通通道。

1.1.3　输水工程布置

总干渠全长 661.06km,共设置各类建筑物 273 座。其中主要输水建筑物 129 座(含隧洞 63 条,河渠交叉建筑物渡槽 18 座、倒虹吸 19 座、暗涵 26 座);控制建筑物分水口门 25 座(其中有 10 座兼用为退水闸),节制闸 17 座,退水闸 23 座,工作闸 7 座,事故闸 28 座,检修闸 41 座;渠道消能建筑物(含电站)3 座。

（1）大理 I 段

本段输水总干渠起点为石鼓(接石鼓泵站出水池后的隧洞连接段),末端为大理洱海边的长育村。线路涉及的受水区有鹤庆黄坪及大理市,沿线经鹤庆南营、松桂、北衙、玉石厂、双廊。该段干渠全长 115.61km,设计引水流量 135m³/s,渠首设计水位 2035m,渠末设计水位 1986m,总水头 49m,平均水面坡降 0.42‰。

该段线路在石鼓出水池向南穿越 63.43km 香炉山长隧洞,长隧洞在鹤庆松桂南营出口,接衍庆村渡槽,经积福村隧洞、渡槽、箱涵等建筑物后,继续向南穿 20447m 的芹河隧洞后进入北衙、上果园、下河坝等隧洞,经下河坝箱涵至玉石厂隧洞,自玉石厂箱涵继续向南穿老马槽,经老马槽渡槽至洱海边的长育村。

输水建筑物共 18 座,其中隧洞 11 条,长 113.46km,占线路总长的 98.15%;渡槽 3 座,长 1.36km,占线路总长的 1.18%;暗涵 4 座,长 0.78km,占线路总长的 0.67%。

另外,该段输水干渠还布置有分水闸 2 座、节制闸 2 座、退水闸 3 座(其中有 1 座兼用为分水闸)、事故闸 2 座、检修闸 7 座等控制建筑物。

（2）大理 II 段

大理 II 段起点为大理长育村,终点为祥云县万家,长 102.74km,设计流量 135～120m³/s。

渠首设计水位 1986m,渠末设计水位 1956m,总水头 30m,平均水面坡降 0.29‰。

工程区位于澜沧江、金沙江与红河水系分水岭地带,地势为西高东低。线路穿越或跨越金沙江水系麻栗园河、中河、格子河、子乍苴河,总干渠以倒虹吸型式跨过中河,以渡槽型式跨过麻栗园河、格子河及子乍苴河。

线路前段长育村至周官所为东南走向,周官所至万家为由西向东走向。该段起自洱海东北的长育村,线路沿洱海与宾川分水岭(洱海东岸)经挖色乡至引洱入宾出口,长23.974km,设计流量 135m³/s;在花椒箐村附近穿越澜沧江与金沙江水系Ⅰ级分水岭,在海东与挖色—宾川二级公路立交;其后沿宾川南部山区经甸头、狮子山至牛驼子箐,线路长30km,设计流量 125m³/s,在狮子山与下关—宾川二级公路 X038 立交;在甸头与引洱入宾北干渠、引洱入宾南干渠(瓦期电站引水渠)立交,然后经麻栗园箐、品甸海、周官所、磨盘山引至小青坡,该段线路全长 19.589km,设计流量 120m³/s;在品甸与祥云至宾川二级公路 S220 立体相交,麻栗园渡槽穿越麻栗园河,后与祥姚二级公路 S316 立体相交;周官所暗涵穿越中河,与新兴苴水库团结大沟立体相交。

最后经下庄、老青山、董家村至板登山、万家终点,线路长 28.239km,设计流量 120m³/s;以下庄倒虹吸穿越中河中游河段(DLⅡ76+762),以董家村渡槽穿越格子河上游河段(DLⅡ91+367),以板登山渡槽穿越子乍苴河中游河段(DLⅡ102+645)。

大理Ⅱ段总干渠采用无压输水,主要建筑物为隧洞、暗涵、渡槽、倒虹吸等共 17 座建筑物。其中隧洞 7 条,长 91.19km,占线路总长的 88.75%;倒虹吸 2 座,长 4.99km,占线路总长的 4.86%;暗涵有 5 条,长 6.06km,占线路总长的 5.90%;渡槽 3 座,长 0.50km,占线路总长的 0.49%。

另外,该段输水干渠还布置有分水闸 3 座(其中均兼用为退水闸)、节制闸 3 座、退水闸 3座、事故闸 5 座、检修闸 9 座等控制建筑物。

(3)楚雄段

楚雄段起点为祥云县万家,终点为禄丰县罗茨,长 142.91km,设计流量 120~95m³/s。渠首设计水位 1956m,渠末设计水位 1918.11m,总水头 37.94m,平均水面坡降 0.27‰。

该段线路起点为张河大箐渡槽末端,穿过板凳山、子乍苴河后进入万家隧洞,经18.216km 的万家隧洞进入万家,经万家暗涵及 12.492km 的柳家村隧洞进入柳家村,在柳家村跨双殿河,经 9.829km 的凤屯隧洞于九龙甸水库附近的凤屯出洞,在凤屯采用渡槽跨越紫甸河,经 11.292km 的伍庄村隧洞在牟定县经伍庄村,随后经 24.342km 的大转弯隧洞穿越新房子、老百利村、上米村、山冲李家、大转弯等村镇,穿过李资河、依多模山等,于龙川江左岸出洞,之后采用 1.461km 长的钢管桥式倒虹吸跨越龙川江,后转向北东经 24.975km的凤凰山隧洞穿过波河罗,于凤凰山处通过凤凰山暗涵过中兴河,之后向东经 9.530km 的九道河隧洞、730m 的钢管桥式倒虹吸过九道河,进入 4.760km 的鲁支河隧洞,经 165m 的鲁支河渡槽跨过鲁支河,进入14.029km的龙潭隧洞(避开了禄丰恐龙国家地质公园五台山景区),于观音山脚下出洞至禄丰县罗茨坝子,建9.909km长的管道倒虹吸过罗茨坝子进入昆明段输水总干渠。

该段总干渠主要建筑物为隧洞、暗涵、渡槽、倒虹吸等共18座建筑物。其中隧洞9条,长129.68km,占线路总长的90.74%;倒虹吸3座,长12.12km,占线路总长的8.48%;暗涵有3条,长0.44km,占线路总长的0.31%;渡槽3座,长0.66km,占线路总长的0.46%。

另外,该段输水干渠还布置有分水闸7座、节制闸3座、退水闸6座、工作闸1座、事故闸6座、检修闸10座等控制建筑物。

(4)昆明段

昆明段起点为禄丰县罗茨,终点为昆明新庄,长115.04km,设计流量95～40m³/s。渠首设计水位1918.11m,渠末设计水位1886.61m,总水头31.50m,平均水面坡降0.28‰。

输水线路在观音山倒虹吸向西1.5km避开豹子洞箐、小福箐等多组冲沟和大箐水库后转向东南,穿23km长的蔡家村隧洞到富民县小鱼坝附近的螳螂川左岸出洞,用536m桥式倒虹吸过螳螂川,接6.65km隧洞到松林;松林采用935m渡槽在松林垭口附近进洞,以954m隧洞至盛家塘,300m暗涵过杨先河及麦场村农田;过麦场村后地势变高,以10.93km隧洞到仙桥风景区石头洞附近出洞,以194m渡槽跨越龙庆河和昆禄公路,再以9.03km的龙泉隧洞过先峰营和岔子山,在龙泉路西侧昆明重机厂附近出洞;进入昆明城区后采用4.43km倒虹吸穿越,线路基本沿沣源路布置,下穿盘龙江,出口位于宝云村附近,该倒虹吸拟采用盾构施工;再以56.61km隧洞穿昆曲公路、黄龙山、小普连、宝象河、阿拉乡、营盘山、昆河铁路、南昆铁路、白龙潭、横冲水库、白云水库,在晋城镇牡羊村附近出洞,以1.35km涵管下穿大河,在小扑村附近接入玉溪红河段。昆明段输水干渠分别在螳螂川、龙庆河、龙泉、盘龙江、宝象河、呈贡、横冲和新庄设8处分水口。

该段总干渠主要建筑物为隧洞、暗涵、渡槽、倒虹吸等共12座建筑物。其中隧洞6条,长107.46km,占线路总长的93.41%;倒虹吸2座,长4.80km,占线路总长的4.17%;暗涵有2条,长1.65km,占线路总长的1.43%;渡槽2座,长1.13km,占线路总长的0.98%。

另外,该段输水干渠还布置有分水闸8座(其中2座兼为退水闸)、节制闸4座、退水闸1座、事故闸1座、检修闸8座等控制建筑物。

(5)玉溪红河段

玉溪红河段总干渠起点为昆明新庄,终点为红河州个旧的新坡背,长184.76km,设计引水流量40～20m³/s,沿线共设阿斗村、小龙潭、何官营、跃进水库及新坡背5个分水口。起点设计水位1886.61m,末点设计水位1400.00m,总水头486.61m,全线平均水面坡降2.6‰。

总干渠线路结合受水区的分布及地形条件布置,大致分为两段:

①新庄—跃进消能电站段,线路总长108.78km,线路走向为自北向南,经过昆明市晋宁

区,玉溪市红塔区、江川区、通海县,红河州建水县。本段设计流量 40～20m³/s,沿线设阿斗村、小龙潭、何官营及跃进水库 4 个分水口,沿线受水区均满足自流供水的条件。在跃进消能电站尾水后分水 4m³/s 进入跃进水库,由跃进水库向建水、石屏(补异龙湖)供水。

②跃进消能电站—新坡背段,线路总体走向为自西向东南,该段线路总长 75.98km。线路前段自西向东布置,由建水县北面绕过建水坝子后在桥头村转向南布置,以倒虹吸跨过泸江后转向东南方向进入个旧市,最后到达总干渠末端个旧新坡背。本段设计流量 20m³/s,中途无分水,末端新坡背分水口向红河州开远、个旧、蒙自供水。

玉溪红河段输水建筑物主要有隧洞、渡槽、暗涵、倒虹吸、消能建筑物及控制建筑物,共 64 座建筑物。其中隧洞 30 条,长 165.60km,占线路总长的 89.63%;暗涵 12 座,长 1.93km,占线路总长的 1.04%;倒虹吸 12 座,长 15.31km,占线路总长的 8.29%;渡槽 7 座,长 1.06km,占线路总长的 0.57%;消能建筑物(含电站)3 座,长 0.86km,占线路总长的 0.47%。

另外,该段输水干渠还布置有分水闸 5 座(其中 4 座兼为退水闸)、节制闸 5 座、工作闸 6 座、退水闸 11 座,事故闸 14 座、检修闸 7 座等控制建筑物。

1.2　工程区域自然地理概况

滇中引水工程的输水线路跨越金沙江、澜沧江、红河、南盘江四大水系,穿越横断山系高中山地貌区及滇中、滇东盆地山原区,地形总体自西北向东南呈阶梯状逐渐降低的格局。地面高程西北部石鼓—鹤庆南营段(香炉山隧洞)一般为 3500～2500m、中部南营—罗茨的滇中高原区一般为 2500～2300m、东南部罗茨—新庄—玉溪红河段多在 2000m 以下,最低为蒙自盆地(输水工程终点),高程约 1300m。滇中引水工程具备从西北向东南自流引水的条件。测区范围在 23°～27°N、100°～103°E。

1.2.1　气象条件

金沙江上游自北向南可分为高原亚寒带亚干旱气候区、高原亚寒带湿润气候区。受东亚季风、南亚季风及地形、地貌的影响,形成冬干夏雨的季风气候特点。金沙江上游降水和气温的总体分布趋势是自上游向下游递增。石鼓水源工程多年平均降水量 753.7mm,主要集中在 5—10 月,占年降水量的 91.3%,多年平均蒸发量 1166mm,多年平均气温 12.0℃,多年平均风速 2.5m/s。石鼓站降水量年际变化小,Cv 为 0.13。

输水工程总干渠线长面广,地理位置特殊,地形复杂。先后穿越了中温带、南温带、北亚热带、中亚热带、南亚热带等 5 个气候类型。由于受低纬度、高海拔及季风气候的影响,具有以下特点:①降水年内分配及地区分布不均,年际变化小。全渠段沿线多年平均年降水量在

568～1100mm。②年温差小、日温差大，水平分布复杂。输水线路沿线多年平均气温在12.0～21.7℃。③蒸发时空分布不均。沿线多年平均蒸发量在1680～3043mm。蒸发量主要集中在2—8月，占全年蒸发量的62.2%～75.7%。

1.2.2　交通条件

水源工程区位于云南丽江市石鼓镇，与丽江古城相距约50km，为高山峡谷地形及长江第一弯，与附近的214、320国道相接，对外交通条件较好。

输水工程总干渠沿线分布有以丽江、大理、楚雄、昆明、玉溪、红河（蒙自）为核心的国道、省道、高速公路及铁路交通干线，形成了输水工程区周围庞大的交通网络；工程区附近乡镇一般有县乡公路与之相接，总体对外交通条件方便。

但具体到输水工程总干渠测量工作上总体交通、工作条件仍较差，如大理以上线路段多为高山峡谷，部分高程3000m以上，沟谷深切，植被茂密，人迹罕至，须修建大量的测量小路，区内虫、蛇甚多，环境条件恶劣，山顶多无水源，冬季一早一晚气温寒冷，易结冰；大理以东段线路区地形较复杂，植被茂密，沿线经过多个州县，线路须穿越人口密集的村镇、城镇及地面公路、铁路等交通枢纽，并涉及城市地下供排水、通信及电网等系统设施。另外工程区总体山高坡陡，部分地带植被不发育，斜坡中分布松散堆积物或危岩（块），易发生滚石、坍滑、泥石流等地质灾害，在测量过程中必须采取相应的防护措施。

1.2.3　地质条件

输水工程沿线地质构造极为复杂，区域性断裂和褶皱构造发育，规模大。石鼓—通海段起主要控制作用的褶皱和断裂方向多为近南北、北北东—北东及北西向，且深大断裂较多；通海—蒙自段主要受向南突出的弧形构造控制，线路先后穿越通海弧、石屏弧、建水弧。与输水线路相交的工程活动性断裂共16条，其中全新世活动断裂5条、晚更新世活动断裂11条。

输水线路不良物理地质现象主要有滑坡、崩塌、危岩体及泥石流等。勘测设计阶段对线路作了进一步优化调整后，对沿线不良物理地质体进行了最大程度的避让，少量有影响的地灾体处理难度不大，主要有万家—罗茨段的凤屯隧洞进口滑坡、伍庄村隧洞进口滑坡、九道河倒虹吸滑坡等，另外还有大理Ⅱ段板凳山渡槽两岸的崩塌危害需要处理。输水线路局部地段还存在与铁路、高速公路、重要建筑区等的交叉问题，需要根据具体交叉情况及可能影响采取针对性的应对措施。

输水工程总干渠全长661.06km，共布置输水隧洞63条，合计长607.40km，占总干渠全长的91.88%。根据隧洞工程地质与水文地质条件，输水线路隧洞围岩初步分类统计如表1.2-1所示。Ⅱ类围岩洞段长20.676km，占3.4%；Ⅲ类围岩洞段长179.209km，占29.5%；Ⅳ类围岩洞段长224.946km，占37.03%；Ⅴ类围岩洞段长182.547km，占30.05%。

Ⅳ、Ⅴ类围岩合计占 67.08%,隧洞围岩稳定问题突出。

表 1.2-1　　　　　　　　　　　输水线路隧洞围岩初步分类统计表

线路段	隧洞围岩初步分类								隧洞合计(km)
	Ⅱ		Ⅲ		Ⅳ		Ⅴ		
	长度(km)	占比(%)	长度(km)	占比(%)	长度(km)	占比(%)	长度(km)	占比(%)	
大理Ⅰ段	0.904	0.80	38.468	33.90	55.411	48.84	18.681	16.46	113.46
大理Ⅱ段	7.357	8.07	28.326	31.06	31.666	34.73	23.838	26.14	91.19
楚雄段	3.838	2.96	29.889	23.05	53.205	41.03	42.746	32.96	129.68
昆明段	7.9	7.37	25.76	23.97	37.73	35.11	36.05	33.55	107.46
玉溪红河段	0.677	0.41	56.766	34.28	46.934	28.34	61.232	36.97	165.61
合计	20.676	3.40	179.209	29.50	224.946	37.03	182.547	30.05	607.40

1.2.4　民族情况

滇中引水工程区大部分地段为少数民族居住区,主要有藏族、傈僳族、纳西族、白族、彝族、哈尼族等。

1.3　施工控制网的建立必要性

滇中引水工程作为一项特大型跨流域调水工程,其建设要求有先进的管理、领先的技术和可靠的质量,这就要求有一流的测绘保障。整体设计,统一部署,建立工程施工测量控制网,使沿线各建设管理、设计、施工和监理单位在一个统一的精度、标准的框架控制下开展工作,对于工程施工、安全监测、运行管理以及工程竣工验收等都具有重要的意义。

(1)滇中引水工程干渠建设的需要

滇中引水工程全长 661.06km,引水线路从海拔 2035m 至海拔 1400m;具有测区跨度长、平均海拔高、高差变化大等特点。选择适当的坐标系统,将边长的投影变形控制在工程允许的范围内是项目研究面临的重要技术问题。

(2)滇中引水工程建筑物施工的需要

工程的输水干线线路上共有 100 余座建筑物,建筑物繁多,并且长度不一。因此,单一的独立坐标系统难以满足工程需求,需要建立一个大的干渠坐标系与多个小的建筑物坐标系。若按各自计算成果直接提交,在后续测图、设计、施工过程中势必要进行大量的各独立坐标系换算工作,使用极不方便。因此,需要先期考虑各坐标系统的衔接问题,确保工程坐标系的统一。

（3）滇中引水工程管理的需要

由于滇中引水工程输水线路采取分批、分段施工的建设方式，使得设计单位多，参加施工的单位更多。因此，为了保证各分段工程按设计要求进行施工和今后输水线路的正常运行，施工全线所采用的平面和高程控制需要有统一的控制标准和统一的控制精度。

（4）滇中引水工程安全监测的需要

由于输水线路上地质情况复杂，有活动断层、矿山采空区、地下水侵蚀等，有因明渠开挖形成的高边坡、渡槽等建筑物位于高边坡上施工等，因此在施工过程中和输水线路运行期均需要对这些地区和部位进行安全监测，以保证输水线路和输水建筑物的安全。由于这些位置较为分散，遍及输水线路全线，因此作为监测的基准点或工作基点亦需要有全线统一的相应精度要求的平面和高程基准。

（5）控制测量误差积累对工程影响的需要

由于滇中引水工程跨度大，根据测量误差传播定律，若两个已知点距离较远，则位于路线中间部位的控制点的误差积累可能较大，从而会严重影响施工放样的精度，最后影响总干渠的正常运行。因此，须建立统一的平面施工控制网和高程施工控制网，以增加已知点的密度，缩短已知点之间的距离，进行全网统一平差，有效地控制测量误差的积累，提高控制点的精度，从而保证放样点的精度，满足规范要求。

1.4 国内外研究现状

1.4.1 工程控制系统的研究现状

控制系统的优化设计，是在限定精度、可靠性和费用等质量指标的前提下，获得最合理、最满意的设计。20 世纪 80 年代，E. Grafarend 提出了 4 类（或 4 个阶段）设计问题：零类设计问题，基准选择的问题；一类设计问题，指网形优化；二类设计问题，设计观测精度；三类设计问题，对已有控制网的改进与加密问题。在 4 类设计问题提出之后，测量人员不断地对此进行研究与探讨，控制网优化设计理论和方法取得了很大的进步。围绕控制网优化设计的多种方法，总体上可归结为解析设计法和计算机机助设计法。解析设计法是基于优化设计理论构造目标函数和约束条件，解求目标函数的极大值或极小值。其方法较为严密，但目前利用解析设计法独立进行控制网的优化设计尚有一定的难度。计算机机助设计法通过挑选合适的公式，必要时对公式作一定的改进，采用先进的计算机语言编制出适应性广、通用性强的控制网优化设计系统。由于其先进性与实用性，机助设计法目前已被广泛应用[1-6]。

国内外许多学者都致力于控制网优化设计理论的研究。随着理论研究的深入，学者们对这项工作从不同的角度提出了各种要求，如精度指标、可靠性指标和灵敏度指标等，单纯靠一种方法已经很难达到用户的要求[7,8]。因此，近年来随着计算机技术的不断发展，出现了控制网优化设计专家系统，即将解析设计法与计算机机助设计法结合起来并运用人工智能技术，不断地加入专家知识，完善知识库，较全面地考虑各种指标和约束条件，利用启发式信息加快问题求解。这也是控制网优化设计未来的发展趋势。

水利工程的施工控制网布设是工程建设的基础和依据，施工控制网的精度直接影响到水利渠道和建筑物的测放精度。因此，在工程规划阶段，就应根据工程的测放要求和工程特点设计施工控制网，以保证工程施工的精度要求。通常研究测量控制网结构的几何特征以及精度预计最理想的方法是：在某个区域存在一个与设计方案相同的真值网，然后用工程所要使用的仪器和方法在该区域进行多测回观测，将施测结果和真值进行比较，求出真误差作为判断和分析的依据。但是在实践中这样的操作费时费力，即使个别情况下能办到也只是局部性质的，仅适用于某一具体项目，对复杂的大型工程项目更是难以完成。相比而言，使用随机模拟的方法更适合于大型工程的控制网设计[9]。由于控制网的测量实质也是一个随机过程，比如测量偶然误差就服从正态分布，因此可以使用模拟计算的方式求解控制网点坐标及估算精度等。这也是较为普遍使用的工程控制网优化设计方法。

具体针对高原地区的水利工程，由于长度归算值较大，将产生实地量测边长与反算的理论边长相差过大的问题。为了满足控制网边长长度投影变形的精度要求，需要综合考虑选择的投影面、中央子午线、分带方案，以及椭球变换方法，来达到控制网的优化设计[10-13]。在常规方法使用上，当长度变形值不超标时，应采用现行国家坐标系统，按统一的高斯正形投影3°分带。当长度变形值超标时，可依次采用投影于抵偿高程面上的高斯正形投影3°分带平面直角坐标系统，以及高斯投影任意带平面直角坐标系统。上述方法仍无法满足变形要求时，可采用以一个国家大地点的坐标和该点至另一个大地点的方位角作起始数据的独立坐标系统。

1.4.2　隧洞控制网的研究现状

在工程建设中，除了整体控制网布设研究外，隧洞建筑物控制网的研究也是难点与重点之一。现今，随着大规模工程建设尤其是水利与铁路建设的不断推进，出现了很多特长隧洞[14]。在铁路隧洞方面，青藏铁路西格二线关角隧洞全长32.6km，兰渝线西秦岭隧洞全长28.2km，石太客专太行山隧道全长27.8km，都是目前国内特长的铁路山岭隧洞之一。国外还有瑞士勒奇山铁路隧洞全长34.6km，日本青函铁路隧洞全长53.8km，穿越英吉利海峡的欧洲隧洞全长约56km，瑞士阿尔卑斯山地区的戈特哈德铁路隧洞全长56.9km。而随着大型水利工程尤其是长距离输水工程的陆续建设，特长引水隧洞工程也引人瞩目。如我国辽宁的大伙房输水工程引水隧洞全长达85.3km，陕西引汉济渭工程秦岭特长引水隧洞全长98.3km，还有锦屏二级水电站的水工隧洞群,包括 4 条引水隧洞、1 条排水洞、2 条交通洞,总长近 120km[15,16]。上述的工程隧洞控制网的布设与贯通误差的控制都依赖于隧洞测量技术的发展。

隧洞测量技术的快速发展,主要表现为自动化程度高、测量仪器智能化程度高、测量效率高等方面。在大地测量与工程测量领域,测量机器人和 GPS 的广泛应用,提升了测量效率,革新了传统测量模式。隧洞测量技术服务于施工的诸多环节,这些测量工作有的和勘察设计有关,如隧洞初测、定测、控制网布设与复测;有的还与地质勘察和灾害监测有关,如隧洞施工地质超前预报和隧洞变形监测与评估;还有一些关系到施工质量,如混凝土强度与碳化强度检测、隧洞衬砌渗水与混凝土剥落检测、隧洞突泥涌水等。

传统测量设备一般不能够满足隧洞在施工放样测量和断面测量等各方面的诸多要求。随着计算机技术和电子测距仪的发展,专门针对隧洞测量开发的仪器与软件不断推出,大幅提高了隧洞施工测量的效率,并广泛应用于水电站以及隧洞工程中。此外,通过采用 GPS 测量技术,能有效解决隧洞工程中的各种难题。利用 GPS 技术布设首级控制网,能解决常规测量控制网在地形地势条件恶劣时布设困难的问题,满足后续隧洞工程各节点施工的需要;利用 GPS 进行平面坐标的准确定位,结合洞内导线的精确布设,能为隧洞高精度贯通提供有力保证。例如,我国南水北调中线工程穿黄隧洞全长约 4.2km,采用了洞外 GPS 控制网结合洞内精密导线测量的控制测量方案,保证了掘进精度在施工设计允许范围内,使实际贯通误差仅约 2cm[17]。此外,上述提及的辽宁大伙房输水工程引水隧洞、英吉利海峡大隧洞等均施测了 GPS 控制网,这些工程测量的成功经验都值得借鉴。

1.4.3　椭球变换的研究现状

在建立工程独立坐标系统时,还将涉及椭球的变换问题。椭球变换一般包括单点与多点两种模式。以一个点为基准点进行椭球变换的方法称为单点模式。这个基准点可以是实际观测的现实存在的点,也可以是使用多个点归算得到的一个等效的虚拟点。相对应的,以多个点作为椭球变换的参考点称为多点模式。工程应用综合考量应用的便利性,一般选用单点模式[18]。

目前,常用的单点椭球变换方法有椭球膨胀法、椭球平移法和椭球变形法三种[19,20]。其中,椭球膨胀法的基本思想是膨胀前后椭球中心保持不动,椭球扁率保持不变;椭球长半轴变化,对椭球进行缩放,使得缩放之后的参考椭球的椭球面与独立坐标系所选定的平面相切。椭球膨胀法变换前后,各点的经度不发生变化。椭球平移法是将国家参考椭球沿独立坐标系的原点(局部区域的中心点)所在的法线进行平移,使椭球面与该点相切,将坐标转换到基于平移后的参考椭球的坐标参照系,再以平移后的椭球为依据,对坐标进行投影变换,得到指定高程面上的平面坐标。椭球平移前后,各点的经纬度和大地高均会发生变化。椭球变形法是先将椭球面沿基准点的法线方向膨胀到所定义的参考面,椭球中心保持不动,再变化新椭球的扁率,使得基准点处的法线方向派生前后重合。椭球变形法变换前后,基准点的经纬度不发生变化,各点的经度也不发生变化[21-23]。

1.4.4　控制网的数据处理研究现状

GPS 精密应用需要具备一定的软、硬件条件。近年来,随着微电子技术、计算机技术以及网络技术的发展,GPS 精密应用已不存在硬件方面的限制,高精度 GPS 数据处理软件与高素质 GPS 人才的匮乏日益成为限制 GPS 精密应用的瓶颈。就 GPS 数据处理软件而言,可分为高精度科研软件和随机商用软件。高精度科研软件的特点是精度高、功能强(同时具备定位、定轨、地球自转参数计算、大气层监测等功能),但价格昂贵、模型复杂、选项众多,即使高素质的 GPS 专业人才在短时期内也很难真正掌握。随机商用软件一般随接收机发售,其功能单一(仅具备 GPS 定位功能)、模型简单、精度有限,但价格便宜、界面友好、操作简便、易学易用,GPS 专业人员几个小时即可掌握。

目前,国际上比较成熟的高精度 GPS 数据处理软件有:美国喷气推进实验室(JPL)的 GIPSY-OASIS,瑞士伯尔尼大学(AIUB)的 Bernese,美国麻省理工学院和美国斯克里普斯海洋地球研究所(MIT/S10)的 GAMIT-GLOBK,德国波茨坦地学研究中心(GFZ)的 GEPARD4.0/EPOS,美国国家海洋气象局和美国国家大地测量局(NOAA/NGS)的 PAGES-GPSCOM,欧洲空间局(ESA)的 NAPEOS,美国哥达德空间飞行中心(GSFC)的 GEODYN,挪威国防研究中心(NDRE)的 GEOSAT,法国太空研究中心(CNES)的 GINS 等。此外,我国武汉 GNSS 中心研制的 PANDA 系统也已日趋成熟。随机商用 GPS 软件有美国 Trimble 公司的 TGO/TBC、Ashtech 公司的 Solution、瑞士 Leica 公司的 LGO、我国中海达公司的 HGO 等[24-33]。

GPS 精密应用大多采用高精度的载波相位观测值。相位观测值可以是非差观测值,也可以是在测站、卫星或历元之间求差得到的差分观测值。定位定轨模型可以采用非差定位模型,也可以采用相对定位模型。非差定位模型需要同时估计卫星钟差、接收机钟差、大气延迟、相位模糊度、测站坐标、卫星轨道等众多参数,误差模型复杂、软件研制难度较大;相对模型特别是站星双差模型,能有效地消除或削弱公共误差和相关性误差的影响,不仅能减小待估参数的数量(进而提高解的稳定性和精度),还可以降低软件研制的难度[34-38]。前述高精度软件中既有基于非差定位模型的(如 GIPSY、NAPEOS、GINS),也有基于双差模型的(如 Bernese、GAMIT-GLOBK、PAGES-GPSCOM)。而随机软件都采用双差模型。基于非差定位模型的高精度 GPS 软件大多具有低轨卫星定轨、卫星钟差计算、高精度时频比对、电离层监测等能用于尖端军事应用项目的功能,我国用户很难获准使用。基于双差模型的 GAMIT-GLOBK 软件具有 GPS 精密定位定轨、GPS 对流层监测等功能,在我国一些大学和科研机构已拥有了一定的用户,但其选项众多、操作复杂,生产单位的技术人员难以学习和掌握。新版 Bernese 软件既支持双差模型，也支持非差定位模型；既能处理 GPS 数据，也能处理 GLONASS 和 SLR 数据；不仅可以使用双差模型进行 GPS 精密定位定轨以及电离层和对流层监测应用，还可以使用非差定位模型进行电离层监测以及非差时频比对应用，但其价格昂贵、操作复杂，我国生产单位很少购置，个别单位即使购置，也因缺少高素质 GPS 人才而处于搁置状态。总体而言，国内外目前尚不存在既具有高精度 GPS 软件功能又适合我国生产单位使用的界面友好、操作简便、易学易用、中文图形化的 GPS 精密定位定轨软件[39-52]。

第2章　干渠控制网的建立研究

在规范的工程测量中,对测距边的长度变形值有严格的要求,以保证坐标反算的理论边长与实地量测边长的较小误差。但对于滇中引水工程,存在测区远离中央子午线及平均高程较大的问题。若使用国家坐标系统会导致测距边的长度变形大,难以满足工程实践的精度要求,往往需要综合考虑中央子午线的选择、分带方法的设置、投影面的优化等,而建立满足工程建设需求的独立坐标系统[53-55]。

2.1　测距边变形的理论分析

在各类工程测量规范中,均涉及了测距边变形的理论公式与限差要求。总体归纳,均可划分为高程归化变形、高斯改化变形,以及累加上述两种变形的综合变形。本研究的成果将主要运用于水利工程项目应用,因此主要参照了《水利水电工程测量规范》(SL 197—2013)进行理论分析与推导。

2.1.1　高程归化变形

在规范要求中[56],把水平距离归算到特定高程面上的测距边长度为:

$$D_0 = D \cdot \left(1 + \frac{H_p - H_m}{R_A}\right) \tag{2.1}$$

式中:D——测距边水平距离;

D_0——归算到特定高程面上的测距边长度;

H_p——特定的高程,一般为任务书规定的高程或选择的抵偿投影面高程;

H_m——测距边高出大地水准面的平均高程;

R_A——测距边所在的法截线的曲率半径。

如图2.1-1所示,为高程归化示意图。

从式(2.1)的分析可以得出,将测距边归算到特定高程面上会有变形影响,即特定高程面的高程归化值可表示为:

$$\Delta S_0 = \frac{D_0 - D}{D} = \frac{H_p - H_m}{R_A} \tag{2.2}$$

把测距边相应地归算到参考椭球面上的测距边长度,则为:

$$D_1 = D \cdot \left(1 - \frac{H_m + h_m}{R_A + H_m + h_m}\right) \tag{2.3}$$

式中：D_1——归算到参考椭球面上的测距长度；

　　　h_m——测区大地水准面高出参考椭球面的高差。

参考椭球面上的高程归化变形相应地表示为：

$$\Delta S_1 = \frac{D_1 - D}{D} = -\frac{H_m + h_m}{R_A + H_m + h_m} \tag{2.4}$$

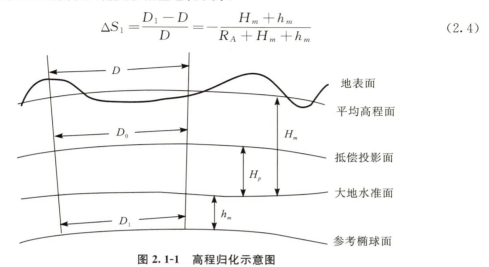

图 2.1-1　高程归化示意图

2.1.2　高斯改化变形

　　同样在《水利水电工程测量规范》(SL 197—2013)中，把参考椭球面上的测距边归算到高斯平面上的长度为：

$$D_2 = D_1 \cdot \left(1 + \frac{y_m^2}{2R_m^2} + \frac{(\Delta y)^2}{24R_m^2}\right) \tag{2.5}$$

式中：D_2——归算到高斯平面的长度；

　　　Δy——测距边两端点横坐标之差；

　　　y_m——测距边两端点横坐标平均值；

　　　R_m——参考椭球上测距边中点的平均曲率半径。

　　从式(2.5)可知，将参考椭球面上的测距边归算到高斯投影面上，投影边长的投影变形量，即高斯改化变形为：

$$\Delta S_2 = \frac{D_2 - D_1}{D_1} = \frac{y_m^2}{2R_m^2} + \frac{(\Delta y)^2}{24R_m^2} \tag{2.6}$$

2.1.3　综合变形

　　从上述分析可知，把水平距离归算到高斯平面上，存在高程归化值与高斯改化值两种变

形量。综合式(2.3)与式(2.6),可得到综合变形为:

$$\frac{D_2 - D}{D} = \left(1 - \frac{H_m + h_m}{R_A + H_m + h_m}\right) \cdot \left(1 + \frac{y_m^2}{2R_m^2} + \frac{(\Delta y)^2}{24R_m^2}\right) - 1$$

$$= \left(\frac{-(H_m + h_m)}{R_A + H_m + h_m}\right) + \left(\frac{y_m^2}{2R_m^2} + \frac{(\Delta y)^2}{24R_m^2}\right) + \left(\frac{-(H_m + h_m)}{R_A + H_m + h_m}\right) \cdot \left(\frac{y_m^2}{2R_m^2} + \frac{(\Delta y)^2}{24R_m^2}\right) \quad (2.7)$$

$$= \Delta S_1 + \Delta S_2 + \Delta S_1 \cdot \Delta S_2$$

当存在特定高程面设置时,水平距离则应先归算到特定高程面上,再归算到高斯平面上。此时,则综合式(2.2)与式(2.6)得到新的综合变形为:

$$\Delta S = \left(1 + \frac{H_P - H_m}{R_A}\right) \cdot \left(1 + \frac{y_m^2}{2R_m^2} + \frac{(\Delta y)^2}{24R_m^2}\right) - 1$$

$$= \left(\frac{H_P - H_m}{R_A}\right) + \left(\frac{y_m^2}{2R_m^2} + \frac{(\Delta y)^2}{24R_m^2}\right) + \left(\frac{H_P - H_m}{R_A}\right) \cdot \left(\frac{y_m^2}{2R_m^2} + \frac{(\Delta y)^2}{24R_m^2}\right) \quad (2.8)$$

$$= \Delta S_0 + \Delta S_2 + \Delta S_0 \cdot \Delta S_2$$

2.2　测区分带设置与变形分析

2003 年开始的云南滇中引水工程规划工作,根据已有资料的情况,采用了 1954 北京坐标系作为工程的平面坐标系统,并使用 1985 国家高程基准。在近期的勘测工作中,针对前期选定的平面与高程系统,获取了工程总干渠线路的控制测量成果。

2.2.1　国家统一 3°带坐标变形分析

本研究首先对滇中引水控制测量的 1954 北京坐标系的 3°带坐标成果进行分析。引水的干渠线路 100°～103°E,跨越了两个国家 3°投影带。在两个分带区域中,边缘点至中央子午线的横坐标距离最大达 152km,由式(2.6)可知,其在高斯平面的改化变形可达 28.5cm/km。

另一方面,工程区域地处高原,渠首控制点海拔能达到 3500m,渠尾海拔约为 1400m。由式(2.4)得,其归化到参考椭球面上的变形值可达 −33～−23cm/km。由式(2.7)计算,两项变形值在少许渠段互为抵消,但在大部分的渠段中综合变形值大于 5cm/km,不符合规范的要求。此外,对总干渠线路分别计算两项变形值并综合后,渠道总长能缩短约 155m,这对工程设计有较严重的影响。

综上分析,滇中引水工程干线使用国家 3°带坐标系时,高程归化变形与高斯改化变形均很大,使测距边综合变形远超规范要求。因此,建立独立坐标系时需要从分带方式与高程面设置两个方面综合调整。

2.2.2　国家统一 1°带坐标变形分析

为了减小高斯改化变形量,工程方案设计中首先提出了采用 1954 北京坐标系的 1°带分带方式。该方法曾在南水北调中线干渠工程坐标系统的建设中予以采用,并取得了良好的变形控制效果[3]。

当滇中引水工程使用 1°带的分带方式时,测区 100°~103°E 被分成了 4 个区域,如图 2.2-1 所示。各区域的边缘点距离中央子午线的横坐标距离约为 50km,则由式(2.6)可得,高斯改化变形的最大值约为 3.2cm/km,相应变形量能得到有效的控制。但由 2.1 节的分析可知,测距边投影到参考椭球面的高程归化变形值能达到 −30cm/km,比新的高斯改化值大一个数量级,综合变形依然很大。因此,还需要通过抵偿投影面的设置来控制高程归化变形。

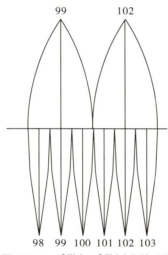

图 2.2-1　3°带与 1°带划分关系图

2.3　测区抵偿投影面的设置分析

2.3.1　抵偿投影面的选择方法

本工程的抵偿投影面的设置目的是为了最大限度地控制变形量,使测区长度综合变形的最大值控制得最小。已有的抵偿投影面的设置方法[57,58]均是基于测区的高程恒定无变化取 H_m 的情况;而滇中引水工程干线高程变化较大,并且高程基本随测距边与中央子午线的距离 y 而线性变化,因此可将 H_m 替换为 $H(y)$:

$$H(y) = H_0 + ky \tag{2.9}$$

式中:H_0——测区在中央子午线处的高程;

k——测区内的高程随 y 值的变化率。

此时再对综合变形的式(2.8)进行分析。公式中最后的分项 $\Delta S_0 \cdot \Delta S_2$ 远小于 ΔS_0 与 ΔS_2，因而可以略去。而在局部区域 Δy 趋于零，因此 ΔS_2 中的分项 $(\Delta y)^2 / 24 R_m^2$ 也可略去。此外，一般取 $R_A = R_m = R = 6371 \mathrm{km}$，则综合式(2.8)、式(2.9)可得：

$$\Delta S(y) = \frac{H_P - (H_0 + ky)}{R} + \frac{y^2}{2R^2} = \frac{(y-kR)^2}{2R^2} + \frac{H_p - H_0}{R} - \frac{k^2}{2} \qquad (2.10)$$

随后的问题是求取合适的抵偿高程 H_P，使 $y \in (y_{min}, y_{max})$ 时有 $\max\{|\Delta S(y)|\}$ 最小。具体可分为如下两种情况分析。

(1) $kR \notin (y_{min}, y_{max})$

此时，函数 $\Delta S(y)$ 的最值一定在 y_{min} 与 y_{max} 处获取，因此，要使 $\max\{|\Delta S(y)|\}$ 最小，就有下式：

$$\Delta S(y_{min}) + \Delta S(y_{max}) = 0 \qquad (2.11)$$

结合式(2.10)、式(2.11)得：

$$H_P = H_0 + \frac{k \cdot (y_{min} + y_{max})}{2} - \frac{y_{max}^2 + y_{min}^2}{4R} \qquad (2.12)$$

又由式(2.9)得，H_0 与 y_{min}、y_{max} 处高程 H_1、H_2 有如下关系式：

$$H_0 = H_1 - ky_{min} = H_2 - ky_{max} \qquad (2.13)$$

由式(2.12)、式(2.13)得到抵偿投影面的计算公式为：

$$H_P = \frac{H_1 + H_2}{2} - \frac{y_{min}^2 + y_{max}^2}{4R} \qquad (2.14)$$

(2) $kR \in (y_{min}, y_{max})$

在这种情况下，函数 $\Delta S(y)$ 的最值分析除考虑 y_{min} 与 y_{max} 外，还需考虑在 $y = kR$ 处。可再分作如下两种类型分析。

① $kR < (y_{min} + y_{max})/2$。

此时，函数 $\Delta S(y)$ 在 y_{max} 处最大，在 $y = kR$ 处最小，要使 $\max\{|\Delta S(y)|\}$ 最小，就有下式：

$$\Delta S(y_{max}) + \Delta S(y_{kR}) = 0 \qquad (2.15)$$

结合式(2.10)、式(2.15)得到抵偿投影面为：

$$H_P = H_0 + \frac{Rk^2}{2} - \frac{(y_{max} - kR)^2}{4R} \qquad (2.16)$$

② $kR > (y_{min} + y_{max})/2$。

此时，函数 $\Delta S(y)$ 在 y_{min} 处最大，在 $y = kR$ 处最小，要使 $\max\{|\Delta S(y)|\}$ 最小，就有下式：

$$\Delta S(y_{min}) + \Delta S(y_{kR}) = 0 \qquad (2.17)$$

结合式(2.10)与式(2.17)得到抵偿投影面为：

$$H_P = H_0 + \frac{Rk^2}{2} - \frac{(y_{min} - kR)^2}{4R} \tag{2.18}$$

2.3.2　测区抵偿投影面的选定

结合上一节的方法分析,滇中引水工程应在 $100°\sim103°E$ 的 4 个 $1°$ 带区域分别研究最佳抵偿投影面的选取。

在 $100°$ 中央子午线区域,测区的 $y_{min} = -49353\mathrm{m}$, $y_{max} = 50283\mathrm{m}$,高程从 $2031\mathrm{m}$ 降至 $1952\mathrm{m}$。可求得斜率为: $k = \Delta H/\Delta y = -7.93 \times 10^{-4}$,得 $kR = -5051\mathrm{m}$,在 (y_{min}, y_{max}) 的区间内,并且 $kR < (y_{min} + y_{max})/2$。因此属于上述分析的情况(2)的类型①,可由式(2.16)求得抵偿高程面 $H_P = 1874\mathrm{m}$。

依照上述方法分别在 4 个中央子午线区域求取最佳抵偿高程面,结果如表 2.3-1 所示。表 2.3-1 中也列举了抵偿投影面设置后的最大综合变形位置,以及该变形量 ΔS 的高程归化变形分量 ΔS_0 与高斯改化变形分量 ΔS_2 的数值。

表 2.3-1　　　　　　　　　各中央子午线区域最佳抵偿投影面与最大综合变形量

中央子午线(°)	最佳抵偿投影面(m)	最大综合变形情况(cm/km)			
		位置	ΔS_0	ΔS_2	ΔS
100	1874	y_{max}	-1.229	3.120	1.891
101	1832	$y = kR$	-1.685	0.004	-1.681
102	1805	$y = kR$	-1.683	0.004	-1.679
103	1468	y_{max}	1.040	3.029	4.069

由表 2.3-1 可知,通过抵偿投影面的设置,前 3 个区域的综合变形都得到了有效控制。但在 $103°$ 带区域,由于高程在局部位置变化较大,综合变形最大值可达 $4.069\mathrm{cm/km}$,有待进一步优化。通过分析得到,以 $103°$ 中央子午线为界,将该区域分为东西两部分,分别求取抵偿投影面的控制效果较好,如表 2.3-2 所示。

表 2.3-2　　　　　　　　　　$103°$ 中央子午线区域重设抵偿投影面

区域	最佳抵偿投影面(m)	最大综合变形情况(cm/km)			
		位置	ΔS_0	ΔS_2	ΔS
西部	1569	y_{min}	-5.176	3.136	-2.040
东部	1325	y_{max}	-1.209	3.022	1.813

上述求取的是理论上的测区最佳抵偿投影面,但在实际工程中抵偿面设置过多会增加工程干渠坐标计算与使用的难度[59,60]。因此,在综合变形可接受的范围内,工程可调整抵偿投影面的设置数值。

第3章　干渠控制网的精度与等级论证

滇中引水干渠控制网的精度与等级论证从研究对象上可分为高程控制网与平面控制网两个方面。而在控制网级别上，又可分作首级高程控制网和加密高程控制网。因此，该章节的研究包括了首级高程控制网精度与等级论证、加密高程控制网精度与等级论证、首级平面控制网精度与等级论证，以及加密平面控制网精度与等级论证。高程控制网用水准测量方法建立，一般采用从整体到局部、逐级建立控制的方式。GPS网作为首级高精度平面控制网基本代替了地面边角网，也是本项目干渠平面控制网的首选。至于高程控制网与平面控制网的等级选择，则需要结合工程控制范围、点位分布情况、精度要求等综合分析。

3.1　高程控制网的选定

3.1.1　首级高程控制网精度与等级

高程控制网分为首级高程控制网与加密高程控制网。应用误差理论，分析渠线高程测量误差对纵坡的影响，可以选择科学、合理和可行的高程测量精度和测量等级[61,62]。

设 i 为渠段的渠线坡降，h 为渠段两端的高差，L 为渠段长度，则：

$$i = \frac{h}{L} \tag{3.1}$$

用对数形式表示为：

$$\ln i = \ln h - \ln L \tag{3.2}$$

将式（3.2）微分：

$$\frac{\mathrm{d}i}{i} = \frac{\mathrm{d}h}{h} - \frac{\mathrm{d}L}{L} \tag{3.3}$$

根据误差传播定律，将式（3.3）转为中误差：

$$\left(\frac{m_i}{i}\right)^2 = \left(\frac{m_h}{h}\right)^2 + \left(\frac{m_L}{L}\right)^2 \tag{3.4}$$

式（3.4）表示渠线坡降、高差、长度相对误差的关系。设测量引起的误差影响渠线坡降程度不超过坡降的 1/10，即

$$\frac{m_i}{i} \leqslant \frac{1}{10} \ \text{或} \ \sqrt{\left(\frac{m_h}{h}\right)^2 + \left(\frac{m_L}{L}\right)^2} \leqslant \frac{1}{10} \tag{3.5}$$

又长度测量误差一般可达 1/100000[10]，即 $\dfrac{m_L}{L}=\dfrac{1}{100000}$，所以影响渠线坡降误差主要是高差测量误差 m_h。因此，式(3.5)可近似表示为：

$$\frac{m_h}{h}\leqslant\frac{1}{10} \tag{3.6}$$

将式(3.1)代入式(3.6)得出渠线高差测量所允许的误差：

$$m_h\leqslant\frac{1}{10}\times i\times L \tag{3.7}$$

渠线高差误差由基本高程控制误差 m_1、测站高程控制误差 m_2、高程放样误差 m_3 组成，即

$$m_h=\sqrt{m_1^2+m_2^2+m_3^2} \tag{3.8}$$

高程放样误差如果从严要求，可达 ±5mm，设精度梯度 $m_1/m_2=1/3$[10]，由式(3.7)和式(3.8)可得：

$$m_1\leqslant\sqrt{\frac{(iL)^2}{1000}-2.5} \tag{3.9}$$

式(3.9)反映了首级高程控制网对渠段高差的测量误差与渠段纵坡和渠段长之间的数学关系，所考虑的渠段 L 越长，允许的测量误差就越大。

此外，水准测量测段高差的中误差求取公式如下：

$$m=M_w\sqrt{L} \tag{3.10}$$

式中：M_w——每千米水准测量的全中误差，一等取值为 1.0mm，二等取值为 2.0mm[51]，三等取值为 6.0mm，四等取值为 10.0mm[52]。

由式(3.10)可知，测段高差中误差 m 的值与 L 的取值也相关。

因此，水准测量等级的确定与 L 的取值密切相关。根据《国家一、二等水准测量规范》(GB/T 12897—2006)的要求，每隔 4～8km 应埋设一座水准标石，即 4km$\leqslant L\leqslant$8km[61,62]。在此范围内选定 L 值，并选用水准测量的等级。如果符合工程建设需求，又方便实施，说明所考虑的渠段长合适，否则可调整渠段长重新计算、分析，直至选出合理的渠段长。

滇中引水工程的坡降 i 最大有 1/1000，最小有 1/15000。因此，将 $i=1/15000,1/6000,1/1000$；$L=4$km；$m_w=2.0,6.0,10.0$ 代入式(3.9)与式(3.10)，计算结果如表 3.1-1 所示。

表 3.1-1		L＝4km 渠段高差测量误差表			（单位：mm）
i	m_1	m_2	m_{II}	m_{III}	m_{IV}
1/15000	8.3	24.9			
1/6000	21.0	63.0	4	12	20
1/1000	126.5	379.5			

在表 3.1-1 中，m_1 为基本高程控制点中误差，m_2 为测站高程控制中误差，m_{II}、m_{III}、m_{IV} 分别为二、三、四等水准测量施测渠段高差的中误差。

从表 3.1-1 可以看出，高程点间的距离为 4km 左右时，渠线高程施工控制网应选择二等水准测量精度才能满足滇中引水工程建设的要求。但是，m_1 与 m_{II} 的差值较大，表明 L 值的取值可适当调整。

将 L 取值进一步地改为 8km，代入式（3.9）与式（3.10），结果如表 3.1-2 所示。

表 3.1-2　　　　　　　　　　$L=8km$ 渠段高差测量误差表　　　　　　　　（单位：mm）

i	m_1	m_2	m_{II}	m_{III}	m_{IV}
1/15000	16.8	50.4			
1/6000	42.1	126.3	5.7	17.0	28.3
1/1000	253.0	759.0			

从表 3.1-2 可以看出，高程点间的距离为 8km 左右时，渠线高程施工控制网应选择三等水准测量精度能基本满足滇中引水工程建设的要求。

上述是基于理论数值的分析，而在滇中引水工程的实际高程测量中，由于地处高原地区，高程点间距不宜过大。因此，推荐使用 4～8km 间距，并将二等水准定为干渠的首级高程控制网。

3.1.2　加密高程控制网精度与等级

加密高程控制网设置的目的是为了测量测站点的高程，一般在两相邻的基本水准点之间布设附合水准路线，路线中最弱点位于水准路线中间，最弱点高程中误差为：

$$m_{弱} = \frac{1}{2} M_w \times \sqrt{S} \tag{3.11}$$

式中：S——水准线路长度（km）。

又有 $m_{弱} \geqslant m_2$，取 $m_2 = m_{弱}$，将其代入式（3.8）并顾及式（3.7）得：

$$M_w \leqslant 2\sqrt{\frac{i^2 \times L^2 \times 10^{10} - m_1{}^2 - m_3{}^2}{S}} \tag{3.12}$$

式中：L——渠段长度（km）；

S——水准路线长度（km）。

当首级高程控制网采用二等水准测量，则 $m_1 = 4mm$，另有 $L = 4km$，$S = 8km$；分别取高程放样误差 $m_3 = \pm 5mm$，$\pm 10mm$ 与 $\pm 20mm$，代入式（3.12），计算 M_w 值，并将结果列入表 3.1-3。在一般情况下，当 M_w 取值在 6～10mm 时，采用三等水准加密；当 M_w 取值在 10～15mm 时，采用四等水准加密；当 M_w 取值在 15mm 以上时，采用五等水准加密。按表 3.1-3 的数值情况，当高程放样中误差值控制在 10mm 以内时，只需要采用五等水准加密;但当高程放样中误差值大于 10mm,特别达到 20mm 数值时,则需要采用四等水准加密。因此,四等以上的水准就能满足加密高程控制网的精度要求。

表 3.1-3　　　　　　　　每千米水准测量全中误差计算　　　　　　　　（单位:mm）

i	M_w		
	$m_3 = \pm 5mm$	$m_3 = \pm 10mm$	$m_3 = \pm 20mm$
1/15000	18.3	17.2	12.1
1/6000	46.9	46.5	44.9
1/1000	282.8	282.7	282.5

另一方面,由于滇中引水工程的建筑物众多,其加密高程控制网的布设主要为了满足建筑物施工控制的需求,而隧洞工程约占滇中引水工程总长度的 92%。因此,满足隧洞高程控制网布设要求,基本就满足了所有建筑物高程控制网布设要求。滇中引水工程隧洞的平均长度约为 9.6km,按照《水利水电工程施工测量规范》(SL 52—2015)中有关 5～20km 长隧洞高程施工控制网应为二等或三等精度的要求,并考虑到分级布网的需求,建议将加密高程控制网即建筑物首级高程施工控制网的设计等级定为三等,从而满足隧洞工程贯通及其他建筑物施工测量对地面控制网的高程精度要求。

3.1.3　高程控制网日月引力误差分析

地球上任何一点的重力方向,除取决于地球内部物质的分布状况和地球自转所产生的离心力外,还受到日球、月球和其他天体,以及地球外部大气层的影响。由于日月引力的作用,使地球的垂线方向产生瞬时变化,即垂线偏离效果,因而经过该点的水平面将发生同样的倾斜变化。除此之外,由于日月引力的影响,还会产生地面变形。在精密的高程水准测量中,估计日月引力影响的改正项称为潮汐改正。有资料表明,在极端情况下,日月引力影响不超过 0.1mm/km,在多数情况下的误差影响为 0.01～0.02mm/km。这种误差在测段闭合差、路线闭合差和环线闭合差都得不到反映。但这种误差在南北方向上会系统积累。对于我国来说,南北方向累计值可达 12cm。

滇中引水工程南北跨度约 545km,按正常情况日月引力 0.01～0.02mm/km 误差来分析,工程累积误差可达到 5.45～10.90mm,远小于前面章节分析的首级高程控制网与加密高程控制网的精度要求,可忽略不计。因此,滇中引水工程可不进行日月引力改正。

3.2　平面控制网的选定

GPS 技术的日益普及和广泛应用于测量控制,GPS 控制网越来越多地取代测角网、边角网以及导线网等常规控制网,加上在长江中下游基本控制及南水北调等大型工程中采用

GPS 网的成功实践，GPS 网也是滇中引水工程干渠首级平面控制网的首选。此外，由于滇中引水工程测量控制范围大，为防止测量误差的积累，控制网的布设采用从整体到局部、从高级到低级逐级发展的布网方式。根据滇中引水工程的特点和管理方式，总体设计采用"一等平面控制网（骨架网）"和"二等平面控制网（平面施工网）"两个层级，满足《水利水电工程施工测量规范》（SL 52—2015）中平面控制网的布设等级"宜为 1～2 级"的要求。

3.2.1　首级平面控制网精度与等级

根据设计，一等骨架网沿输水总干渠平均按 50km 一个点进行布设，其点间距超过《水利水电工程施工测量规范》（SL 52—2015）和《水利水电工程测量规范》（SL 197—2013）中最高等级的布设要求，但其点间距与《全球定位系统（GPS）测量规范》（GB/T 18314—2009）中的 B 级网的点间距要求一致。因此，一等骨架网的精度等级宜选择 B 级 GPS 网。

选用 B 级 GPS 网，是控制测量误差积累的需要。滇中引水工程干渠南北跨度约达 370km；而我国天文大地控制网的一等三角锁的锁段长度一般为 200km，滇中引水工程首级施工控制网的南北跨度要穿越 2～3 个一等三角锁。由于控制范围大，为防止测量误差的过多积累，根据从高级到低级逐级布网原则，首级平面控制网要选择高精度的网。

选用 B 级 GPS 网，是保证测量精度与放样精度的需求。按照规范要求，混凝土建筑物轮廓点放样的平面位置中误差为 ±20～30mm，土石料建筑物轮廓点放样的平面位置中误差为 ±30～50mm[63,64]。滇中引水工程上众多的建筑物多是混凝土结构，要满足建筑物轮廓点放样的精度，对控制测量的精度比 1/500,1/1000 测图对控制的精度要高，测站精度应达 21～35mm。因此，从保证测量精度与放样精度的角度，必须选精度较高的 GPS 网作为首级平面控制网。

此外，首级平面控制网不仅要为施工测量提供控制依据，还要为工程建设期的监理测量、竣工测量和施工、运行期的安全监测提供统一的平面、高程控制基准和精度保障。干渠全线布设统一的 B 级 GPS 网可以满足不同期的各项测量项目的要求。

3.2.2　加密平面控制网精度与等级

根据设计，二等平面控制网最大边长约 8km，与《水利水电工程测量规范》（SL 197—2013）中二等平面控制网要求一致。因此，二等平面控制网的精度等级宜选择为《水利水电工程测量规范》（SL 197—2013）中的二等平面控制网，可满足隧洞工程贯通及其他建筑物施工测量对地面控制网的平面精度要求。

并且，为了便于滇中引水工程坐标系与国家控制网坐标系和前期勘测成果的转换，二等平面控制网观测时须联测一等骨架网点和部分前期测图控制点。前期测图控制点应按一定间距纳入二等平面控制网中进行联测。

第 4 章 建筑物控制网的建立研究

  滇中引水工程的输水干线线路上共有 129 座建筑物,建筑物繁多,并且长度不一,尤其是工程中典型的隧洞建筑物。滇中引水工程设计的隧洞共 63 座,其中最长单洞长于 50km 的 2 座,最长的香炉山隧洞长约 63.4km;单洞长为 20~50km 的隧洞有 7 座;单洞长 10~20km 的隧洞有 12 座;单洞长 5~10km 的隧洞有 11 座;隧洞总长超过 610km,达到了滇中引水工程总长度的 90% 以上。

  通常单座隧洞长度在 10km 以上的被称为特长隧洞,而本工程中达到特长标准的隧洞达到了 21 座。这种连续特长隧洞给施工控制网的设计增加了难度。此外,在相关的测量规范文件中[56,63,64],都只对相向开挖长度在 20km 以内的隧洞进行了贯通误差的数值规定,并要求大于 20km 的隧洞应进行特殊设计或专项的技术设计。而在滇中引水工程中,长度在 20km 以上的隧洞有 9 座,都存在相向开挖长度达 20km 以上的施工可能。因此,本书须对滇中引水隧洞建筑物的施工控制网建立进行专项研究。

4.1 隧洞控制网设计

  隧洞控制测量包括洞外和洞内两部分,每一部分又可分为平面控制测量和高程控制测量。隧洞控制测量的主要作用是保证隧洞的正确贯通,其精度要求主要取决于隧洞长度与形状、开挖面的数量以及施工方法等[67-76]。为了保证特长隧洞控制测量的精度,首先要根据隧洞情况选择合适的控制网。

4.1.1 隧洞外 GPS 平面控制网设计

  GPS 在隧洞施工控制测量中已得到广泛应用,在洞外平面控制测量方面,它已基本取代了常规地面控制测量,并取得了优于常规地面控制测量的结果。对于特长隧洞,由于常规手段要求相邻点通视,因此控制网中有许多过渡点,不仅增加了观测的工作量和费用,并会因多余的传递而带来许多误差,难以满足于快速、高效的隧洞施工工程需求。GPS 平面控制网布设时,只需要设置洞口控制点和定向点,且保证其相互通视,以用于施工定向;不同洞口之间的点不需要通视,与国家控制点或城市控制点之间的联测也不需要通视,不需要中间过渡点,因此控制点数少,精度更有保证。

  隧洞外 GPS 平面控制网设计应满足以下条件:

1）每个洞口平面控制点布设不应少于 3 个；

2）为了减弱垂线偏差，GPS 控制点之间的高差应尽量小；

3）用于向洞内传递方向的洞外联系边不宜小于 300m；

4）要保留足够的独立基线，每个控制点至少有 4 条独立基线通过，连接进、出口的长基线不少于 5 条；

5）洞口 GPS 控制点应方便用常规测量方法检测、加密、恢复和向洞内引测。

根据上述原则，隧洞外 GPS 平面控制网的布设情况如图 4.1-1 所示。

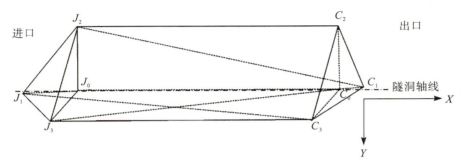

图 4.1-1　隧洞外 GPS 平面控制网示意图

从图 4.1-1 可以看到，在进、出口线路中线上布设进口点（J_0）与出口点（C_0）；再在进、出口各布设 3 个定向点 J_1、J_2、J_3 和 C_1、C_2、C_3，进、出口点与相应定向点之间应通视，并且为了减小垂线偏差的影响，高差不能太大。隧洞外 GPS 平面控制网取独立的工程平面直角坐标，以从进口点到出口点的方向为 X 方向，与之相垂直的方向为 Y 方向。

在滇中引水工程中，隧洞最长将达到 63.4km；此时 GPS 网型将很狭长，且长短边差值特别大，长边将超过 60km，短边则只有几百米。因为有通视要求，并受隧洞进、出口的地形条件限制，洞口处的 GPS 基线不可能很长，一般要求距离不小于 300m；若小于该值，则需要设强制对中装置，以减小照准与对中误差对短边测角精度的影响。GPS 平面控制网应采用精度不低于 5mm+1ppm 的双频 GPS 接收机观测，且长基线须用精密星历解算。

4.1.2　隧洞内导线网设计

隧洞内控制测量的主要目的是为了确保隧洞正确掘进并且高精度贯通。洞内平面控制通常有中线法和导线法两种形式。中线法是采用直接定向法，即以隧洞外控制测量的洞口投点为依据，向隧洞内直接测设隧洞中线点，并不断延伸作为隧洞内平面控制。一般以定测精度测设出待定中线点，其距离和角度等放样数据由理论坐标值反算。这种方法只适用于小于 500m 的曲线隧洞和小于 1000m 的直线隧洞。导线法则是在隧洞内布设精密导线进行平面控制，该方法比中线法灵活，点位易于选择，测量工作也更为简单，并且有多种布设方法可供选择。

（1）单导线

单导线测量比较简单，易于施测。其测点误差椭圆随着掘进长度而变化。由于单导线法对方向控制较弱，并且图形强度也弱，容易造成横向摆动。因此适用于比较短（隧洞长度小于 1km）、贯通要求比较低的隧洞。

（2）导线环

当导线组成闭合环时，角度经过平差，可以提高点位的横向精度。因此导线环布网方式的图形强度、检核条件较单导线多。对于长度在 1km 左右的隧洞而言，导线环是比较合适的布网方式。

（3）主副导线环

主副导线环是进一步优化的导线环布设方式。其中，主副导线均需要测角，并且主导线还需要测距。这种布设方式有助于提高贯通面横向误差精度，同时减少了副导线的测边工作量。对于中长隧洞，主副导线环是比较适宜的洞内导线布设方式之一，它能够有效控制住隧洞前进方向的方位，从而保证隧洞按规定精度贯通。但主副导线环的网型强度不高，角度测量误差对横向贯通误差制约严重，因此不适合作为特长隧洞的布网方式。

（4）全导线网

如图 4.1-2 所示，是由大地四边形构成的全导线网。该网型的强度很高，对提高横向误差精度有很大帮助。全导线网基本适用于所有的隧洞内布网，但对于较短隧洞，其布测工作强度大，会造成经费与工作量的多余损耗，因而需要根据实际需求综合取舍。

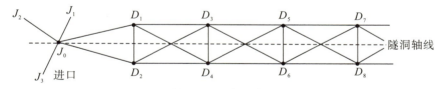

图 4.1-2　全导线网

（5）交叉导线网

为了解决全导线网工作量过大的问题，可进一步优化处理，每隔一条侧边闭合一次，成为由重叠四边形构成的交叉导线网，如图 4.1-3 所示。这种布设方式比全导线网减少了近一半的工作量，减少了受旁折光影响的洞壁侧边观测，并能保证网的多余观测量与导线的闭合检核条件。

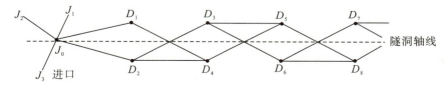

图 4.1-3　交叉导线网

（6）菱形导线网

对交叉导线网的进一步简化可形成菱形导线网，如图 4.1-4 所示。这种布设方式完全去掉了洞壁侧壁观测，可以避免旁折光的影响，并且网型强度依然较高。但菱形导线网测点不能通过多次传算来取平均值，比如 D_4 点在交叉导线网中可由 D_1 与 D_2 的传算取平均值求出；而在菱形导线网中只能由 D_2 求出，D_1 无法对它形成约束与校核。

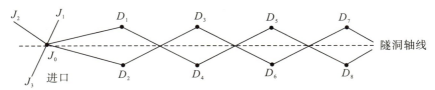

图 4.1-4　菱形导线网

综合比较上述方法，图 4.1-3 所示的交叉导线网方式既兼顾了网型强度，也节省了一部分测量工作量，是本研究推荐的洞内导线网设计方式。

4.1.3　高程控制网设计

隧洞的洞外与洞内的高程控制测量均可选择采用水准测量或电磁波测距三角高程测量等方法，但为了与干渠高程控制网一致，本研究建议选用水准测量方法。在网型布设上，每个开挖洞口宜测设不少于 2 个高程控制点，洞内设置水准点（尽量联测导线点）。水准观测时，以洞口控制网点为起算点，测至洞口处，再传至隧洞内；在隧洞贯通前，须测回相应洞口的控制网点，组成闭合水准路线。

4.2　隧洞控制网的贯通误差分析

特长隧洞控制网的精度主要受其贯通误差制约。贯通误差包括横向、纵向和高程 3 个方向的分量。从目前的测量技术水平和工程要求来分析，横向贯通误差是最难控制的，纵向贯通误差和高程贯通误差相对容易解决。因此，特长隧洞精度分析的关键是解决横向贯通误差的问题。

隧洞横向贯通误差的来源包括洞外控制测量误差、洞内导线测量误差、联系测量误差以及施工误差。其中施工误差常可以忽略不计，而只有一个贯通面时不存在联系测量误差。因此，本章节研究的重点是洞外控制测量误差与洞内导线测量误差。

4.2.1　洞外 GPS 网误差分析

在一般情况下，对 GPS 网的原始观测值或生成观测值进行模拟是较困难的。但将 GPS 基线向量投影到某一参考椭球面并进一步投影到高斯平面上后，该基线向量实际上是一条长度和方向都已知的边。因此,我们可以将 GPS 网看作是观测了边长和方向的平面网,以这个平面网为基准,再来分析其对隧洞贯通误差的影响。具体的误差分析方法包括最弱点误差法、权函数法、定向边估算法、零点误差椭圆法等。

（1）最弱点误差法

该方法是对 GPS 网进行一点一方位的约束平差。如图 4.2-1 所示,此时的坐标系统是以垂直于贯通面的隧洞轴线方向为 X 轴方向,而 Y 轴与贯通面平行。一般以洞口点为已知点,以洞口点到另一洞口点的方位角为已知方位。二维约束平差后,可将最弱点的 Y 坐标中误差作为 GPS 网测量横向贯通误差的影响值。该方法的模型过于简化。

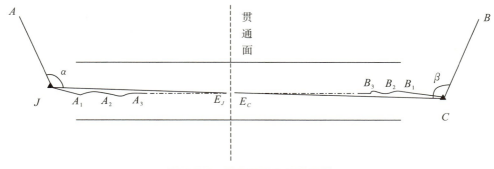

图 4.2-1　贯通误差分析示意图

（2）权函数法

权函数法又称坐标未知数权函数法,是更为严密的误差推导方法。仍参照图 4.2-1,在控制测量过程中,J、C 为进、出口点,A、B 分别为其定向点;进口段是根据 J 点坐标和 JA 的坐标方位角 α 经过 A_1、A_2、A_3……导线点将坐标传递至贯通点 E_J,出口段是根据 C 点坐标和 CB 的坐标方位角 β 经过 B_1、B_2、B_3……导线点将坐标传递至贯通点 E_C。在研究洞外控制测量对贯通误差影响时,由于并不计算洞内导线误差对贯通误差的影响值,因此可以用虚拟导线代替洞内导线。洞内虚拟到贯通点 E_J 和 E_C 的角度 α、β 和长度 S_{JE},S_{CE} 都不是洞外的观测量,因而在考虑洞外测量误差对贯通误差的影响时,均可不顾及它们的误差。因此,洞外 GPS 控制测量对贯通误差的影响,可归结为 J 点和 C 点的点位误差,以及 JA 和 CB 定向坐标方位角误差的影响。具体公式分析如下:

JE 边和 CE 边的方位角求取见式（4.1）:

$$\theta_{JE} = \theta_{JA} + \alpha$$
$$\theta_{CE} = \theta_{CB} + \beta \tag{4.1}$$

E_J 点和 E_C 点的坐标求取见式（4.2）、式（4.3）:

$$X_{E_J} = X_J + S_{JE}\cos(\theta_{JA} + \alpha)$$
$$Y_{E_J} = Y_J + S_{JE}\sin(\theta_{JA} + \alpha) \tag{4.2}$$

$$X_{E_C} = X_C + S_{CE}\cos(\theta_{CB} + \beta)$$
$$Y_{E_C} = Y_C + S_{CE}\sin(\theta_{CB} + \beta)$$

$$(4.3)$$

进一步求取 JA 与 CB 边的方位角为：

$$\theta_{JA} = \arctan\frac{Y_A - Y_J}{X_A - X_J}$$

$$\theta_{CB} = \arctan\frac{Y_B - Y_C}{X_B - X_C}$$

$$(4.4)$$

式(4.2)与式(4.3)分别求微分得式(4.5)与式(4.6)：

$$\mathrm{d}X_{E_J} = \mathrm{d}X_J - \Delta Y_{JE}\frac{\mathrm{d}\theta_{JA}}{\rho}$$

$$\mathrm{d}Y_{E_J} = \mathrm{d}Y_J - \Delta X_{JE}\frac{\mathrm{d}\theta_{JA}}{\rho}$$

$$(4.5)$$

$$\mathrm{d}X_{E_C} = \mathrm{d}X_C - \Delta Y_{CE}\frac{\mathrm{d}\theta_{CB}}{\rho}$$

$$\mathrm{d}Y_{E_C} = \mathrm{d}Y_C - \Delta X_{CE}\frac{\mathrm{d}\theta_{CB}}{\rho}$$

$$(4.6)$$

再对式(4.4)的方位角公式求微分得到式(4.7)：

$$\mathrm{d}\theta_{JA} = \frac{\rho}{S_{JA}^2}(\Delta Y_{JA}\delta X_J - \Delta X_{JA}\delta Y_J - \Delta Y_{JA}\delta X_A - \Delta X_{JA}\delta Y_A)$$

$$\mathrm{d}\theta_{CB} = \frac{\rho}{S_{CB}^2}(\Delta Y_{CB}\delta X_C - \Delta X_{CB}\delta Y_C - \Delta Y_{CB}\delta X_B - \Delta X_{CB}\delta Y_B)$$

$$(4.7)$$

GPS 控制测量对贯通误差影响的权函数式为：

$$\mathrm{d}\Delta_X = \mathrm{d}X_J - \mathrm{d}X_C$$
$$\mathrm{d}\Delta_Y = \mathrm{d}Y_J - \mathrm{d}Y_C$$

$$(4.8)$$

将式(4.5)、式(4.6)、式(4.7)代入式(4.8)，分别得到如下两式：

$$\mathrm{d}\Delta_X = (1 - \Delta Y_{JE}\frac{\Delta Y_{JA}}{S_{JA}^2})\delta X_J + \Delta Y_{JE}\frac{\Delta X_{JA}}{S_{JA}^2}\delta Y_J + \Delta Y_{JE}\frac{\Delta Y_{JA}}{S_{JA}^2}\delta X_A - \Delta Y_{JE}\frac{\Delta X_{JA}}{S_{JA}^2}\delta Y_A -$$

$$(1 - \Delta Y_{CE}\frac{\Delta Y_{CB}}{S_{CB}^2})\delta X_C - \Delta Y_{CE}\frac{\Delta Y_{CB}}{S_{CB}^2}\delta Y_C - \Delta Y_{CE}\frac{\Delta Y_{CB}}{S_{CB}^2}\delta X_B + \Delta Y_{CE}\frac{\Delta X_{CB}}{S_{CB}^2}\delta Y_B$$

$$(4.9)$$

$$\mathrm{d}\Delta_Y = (1 - \Delta X_{JE}\frac{\Delta X_{JA}}{S_{JA}^2})\delta Y_J + \Delta X_{JE}\frac{\Delta Y_{JA}}{S_{JA}^2}\delta X_J - \Delta X_{JE}\frac{\Delta Y_{JA}}{S_{JA}^2}\delta X_A + \Delta X_{JE}\frac{\Delta Y_{JA}}{S_{JA}^2}\delta Y_A -$$

$$(1 - \Delta X_{CE}\frac{\Delta Y_{CB}}{S_{CB}^2})\delta Y_C - \Delta X_{CE}\frac{\Delta X_{CB}}{S_{CB}^2}\delta X_C - \Delta X_{CE}\frac{\Delta X_{CB}}{S_{CB}^2}\delta X_B + \Delta X_{CE}\frac{\Delta X_{CB}}{S_{CB}^2}\delta Y_B$$

$$(4.10)$$

式(4.9)求取的是纵向贯通坐标差，式(4.10)为横向贯通坐标差。重点分析式(4.10)可得出,在给定的隧洞独立坐标系下,洞外 GPS 平面控制网影响值与进、出口点和相应定向点的位置、精度以及贯通点的位置有关;按协方差传播律可计算出该差值的中误差如式(4.11)所示:

$$M_y = \pm \sigma \sqrt{f^T Q_{XX} f} \qquad (4.11)$$

式中:M_y——横向贯通中误差;

σ——控制网验后单位权方差;

Q_{XX}——未知数坐标协因数阵;

f——式(4.10)的系数矩阵。

因此,计算出 Q_{XX} 乘以控制网的验后单位权方差,即可得出贯通点坐标差的方差和协方差,贯通点的零点相对误差椭圆进而可以求取。误差椭圆在贯通面上的横向投影大小即为洞外控制网的横向贯通误差值。

（3）定向边估算法

该方法是根据两端洞口坐标计算起点 J、C 的点位误差,定向边 JA、CB 的边长误差,以及 JA、CB 边方位角误差,从而估算横向贯通中误差。

其中点位误差为:

$$M_{E点}^2 = M_C^2 + M_J^2 \qquad (4.12)$$

边长误差为:

$$M_{E边}^2 = \left(\frac{M_{S_{JA}}}{S_{JA}} S_{Y_{JA}} \right)^2 + \left(\frac{M_{S_{CB}}}{S_{CB}} S_{Y_{CB}} \right)^2 \qquad (4.13)$$

方位角误差为:

$$M_{P方位}^2 = \left[m_{\theta_{JA}}^2 + \left(\frac{M_A}{S_{JA}} \right)^2 \right] \frac{S_{JE}^2}{\rho^2} + \left[m_{\theta_{CB}}^2 + \left(\frac{M_B}{S_{CB}} \right)^2 \right] \frac{S_{CE}^2}{\rho^2} \qquad (4.14)$$

最后求取 GPS 控制网横向贯通中误差为:

$$M_y = \pm \sqrt{M_{E点}^2 + M_{E边}^2 + M_{P方位}^2} \qquad (4.15)$$

在控制网设计阶段,若使用权函数法计算时,点位误差协方差阵不易获取时,可采用上式近似计算横向贯通中误差。

（4）零点误差椭圆法

若将图 4.2-1 中的 α、β、S_{JE} 和 S_{CE} 都看作不含误差的虚拟观测值,并将 E_J、E_C 作为控制点纳入计算。根据参数平差,求出贯通点处的相对误差椭圆,该椭圆长半轴在贯通面上的投影就表示为横向贯通中误差:

$$M_y = \sqrt{E^2 \cos^2 \varphi + F^2 \sin^2 \varphi} \qquad (4.16)$$

式中:φ——以椭圆长半轴为起始方向时 Y 轴的方位角。

综合比较上述 4 种方法,最弱点误差法理论模型过于简单,不适合用于特长隧洞的贯通误差计算;定向边估算法与零点误差椭圆法模型相对严密,但在使用时需要已知概略坐标、观测先验中误差等值,方法使用的约束性较大;权函数法模型最为严密,使用自由度大,是本研究进行后续的模拟计算使用的方法。

由于在相关的测量规范文件中,都只对相向贯通长度在 20km 以内的隧洞进行了贯通误差的数值规定,对 20km 以上的贯通数值没有涉及。因此,本部分的研究针对相向贯通长度在 20～65km 的隧洞进行贯通误差模拟计算。研究采用了全边角网的模拟方案,方向观测精度取 0.7″,测边精度取值 5mm+1ppm,按图 4.1-1 布网,进行平面网平差并模拟贯通。针对 GPS 平面控制网,计算结果包括横向贯通中误差与纵向贯通中误差。具体数值如表 4.2-1 所示,可以看到横向贯通中误差与纵向贯通中误差都随着隧洞相向贯通长度的增加而明显增加,并且横向贯通中误差数值明显大于纵向贯通中误差数值,后者对隧洞贯通的影响基本可以忽略。

表 4.2-1　　　　　　　　20～65km 隧洞 GPS 平面控制网贯通中误差计算

贯通中误差(mm)	隧洞相向贯通长度(km)									
	20	25	30	35	40	45	50	55	60	65
横向	37～42	47～52	56～62	65～72	74～82	84～93	93～103	102～113	112～123	121～134
横向均值	40	50	59	69	78	89	98	108	118	128
纵向	6	7	9	10	12	13	15	16	17	19

4.2.2　洞内控制网误差分析

由于隧洞的断面大小有限(一般直径不超过 10m),洞内只能布设狭长的导线网。随着隧洞向前开挖,导线的测边与测角误差会产生积累,从而影响总体的贯通误差。因此,本节内容将对洞内导线网横向贯通中误差的计算方法进行分析。

(1)边角导线法

根据误差传播定律,导线的测角观测值与测边观测值是两个相互独立的观测量。因此,可用导线公式分别计算测角与测边引起的横向贯通中误差,然后用等影响原则计算总的贯通中误差。

$$m_{y\beta} = \pm \frac{m_\beta}{\rho} \sqrt{\sum R_x{}^2}$$

$$m_{yL} = \pm \frac{m_L}{L} \sqrt{\sum d_y{}^2}$$

$$M_y = \pm \sqrt{\frac{m_{y\beta}{}^2 + m_{yL}{}^2}{N}}$$

(4.17)

式中:$m_{y\beta}$——测角中误差所产生在贯通面上的横向误差(m);

m_{yL}——测边中误差所产生在贯通面上的横向中误差(m)；

M_y——横向贯通中误差(m)；

m_β——导线测角中误差($''$)；

m_L/L——导线边长相对中误差；

R_x——导线点至贯通面的垂直距离(m)；

d_y——导线边在贯通面上的投影长度(m)；

N——测量组数；

ρ——常数，$\rho = 206\,265''$。

使用该方法进行隧洞误差计算时，须分别获取各个导线点至贯通面的垂直距离 R_x 和各导线边在贯通面上的投影长度 d_y，再根据工程项目所投入的仪器设备精度确定导线测角中误差 m_β 和导线边长相对中误差 m_L/L，从而代入式(4.17)进行计算。当 M_y 值小于隧洞横向贯通误差允许值时则可执行相应方案；否则应重新选择符合精度要求的仪器设备或调整导线线路及测量方案等重新计算，直到满足贯通精度要求。

（2）等边导线法

在实际工程中，大部分的隧洞导线布设可以近似为等边直伸型的地下导线。此时，导线的测边误差不会引起横向贯通误差，只有测角误差才会给横向贯通带来误差影响。则式(4.17)可变化为[14]：

$$M_y = \pm\sqrt{\frac{m_{y\beta}{}^2}{N}} = \pm\frac{m_\beta}{\rho}\sqrt{\frac{\sum R_x{}^2}{N}} \tag{4.18}$$

对等边直伸导线，R_x 的平方和可展开如下：

$$\sum R_x{}^2 = n^2 S^2 + {}^{(n}-1)2S^2 + \cdots + S^2$$
$$= \frac{n(n+1)(2n+1)}{6}S^2 \approx \frac{n^2 S^2 (n+1.5)}{3} \tag{4.19}$$

式中：n——导线点数；

S——导线平均边长；

两个观测量和导线总长度 L 的关系式为：

$$L = n \cdot S \tag{4.20}$$

将式(4.19)与式(4.20)代入式(4.18)，并只考虑存在一组观测量的情况，即 $N = 1$，得到：

$$M_y = \pm\frac{L \cdot m_\beta}{\rho}\sqrt{\frac{L}{3S} + \frac{1}{2}} \tag{4.21}$$

基于式(4.21)可以进行洞内导线贯通误差的模拟计算。这里的导线测角中误差 m_β 取值为 $0.7''$，导线平均边长 S 分别取值 300m、400m、500m、600m、700m，再分别计算相向贯通长度为 20～65km 的隧洞导线网的贯通中误差值。

其中,隧洞相向贯通长度 L_0 与导线总长度 L 的关系式为:

$$L_0 = 2L \tag{4.22}$$

例如,当隧洞相向贯通长度达 20km 时,两边各有 10km 的导线长度。具体计算结果如表 4.2-2 所示。

表 4.2-2   20～65km 隧洞导线网贯通中误差计算   (单位:mm)

导线平均边长(m)	隧洞相向贯通长度(km)									
	20	25	30	35	40	45	50	55	60	65
300	116	161	211	265	324	386	451	520	592	667
400	101	140	184	231	281	335	392	452	514	579
500	91	126	165	207	252	301	352	405	461	519
600	84	116	151	190	231	275	322	371	422	475
700	78	108	141	177	215	256	299	344	391	441

从表 4.2-2 可知,当导线平均边长不变时,隧洞相向贯通长度越长,横向贯通中误差越大,这也与洞外 GPS 平面控制网的误差变化情况是一致的。但当隧洞相向贯通长度不变时,将导线平均边长变长,能有效地减小横向贯通误差。

4.2.3 横向贯通误差值的确定与分配

上述对隧洞外 GPS 平面控制网与隧洞内导线网进行了贯通误差分析,并得到了有效的计算数值。基于得到的计算结果,本节将进一步确定横向贯通误差的总体数值,并提出误差允许值的分配建议。

(1)单个贯通面情况

在隧洞施工只有一个贯通面的情况下,由洞外、洞内影响值计算方法和误差传播定律可得横向贯通误差的总体计算公式为:

$$M_y = \sqrt{M_{GPS}^2 + M_{JD}^2 + M_{CD}^2} \tag{4.23}$$

并且,在一个贯通面的情况下,贯通面的设计一般在进、出口洞的连线的中央,因此,进、出口支导线网的误差值完全相同,即有:

$$M_{JD} = M_{CD} = M_D \tag{4.24}$$

因此,式(4.23)可简化为:

$$M_y = \sqrt{M_{GPS}^2 + 2M_D^2} \tag{4.25}$$

此外,横向贯通误差的允许值 Δy 为:

$$\Delta y = 2M_y \tag{4.26}$$

即横向贯通误差的允许值为横向贯通中误差的 2 倍。

根据上述分析,可计算出 20～65km 的隧洞横向贯通中误差与误差允许值,如表 4.2-3 所示。

表 4.2-3　　　　　　　　特长隧洞横向贯通中误差与误差允许值

横向贯通误差值(mm)	隧洞长度(km)								
	20～25	25～30	30～35	35～40	40～45	45～50	50～55	55～60	60～65
GNSS	50	59	69	78	89	98	108	118	128
M_D	126	165	207	252	301	352	405	461	519
M_y	185	241	301	365	434	507	583	663	745
Δy	370	481	602	731	869	1013	1166	1325	1491
Δy建议值	400	500	620	740	880	1020	1200	1350	1500

表 4.2-3 中 GNSS 引用了表 4.1 的均值数值,M_D 引用了表 4.2 中的居中的 500m 导线所对应的数值;再分别使用式(4.25)与式(4.26)计算得出 M_y 与 Δy 的数值。而最后一行列出的 Δy 的建议值是对 Δy 数值进行了一定调整。调整的原则是:既要考虑模拟计算的值,比其数值稍大并留有余地,又要使总的横向贯通误差允许值是一个便于记忆的整数。最后的建议值与张正禄教授[14]等的研究成果基本一致,但后者对 45～50km 长度的隧洞给出的贯通允许建议值为 1000mm,比本书给出的值稍小 20mm,并且其研究成果只延续到了 50km 长度的隧洞,隧洞长度范围比本书稍小。

对于长度在 20km 以内的隧洞,水利水电、高速铁路等多个测量规范均给出了横向贯通误差的允许值。这里引用《水电水利工程施工测量规范》(SL 52—2015)的相关数值,如表 4.2-4 所示。

表 4.2-4　　　　　《水利水电工程施工测量规范》(SL 52—2015)横向贯通误差

隧洞相向贯通长度(km)	限差(mm)
<5	100
5～9	150
9～14	300
14～20	400

比较表 4.2-3 与表 4.2-4 可以看到,规范中的 14～20km 及本研究得出的 20～25km 的隧洞横向贯通误差允许值均为 400mm,这也保证了本研究成果与规范要求的有效衔接。

(2)多个贯通面情况

地下隧洞施工时,可使用斜井、竖井及平硐从隧洞中间开挖,从而引入多个贯通面。在没有上述辅助井开挖,仅有进、出口相向开挖时,可将隧洞地面控制测量、地下两相向开挖的洞内施工导线各作为 1 个独立因素,则各独立因素对横向贯通误差的影响值为:

$$m_q = M_y / \sqrt{3} \tag{4.27}$$

每增加 1 个辅助井施工时,则增加 1 个独立因素,也需要将各独立因素按等精度影响考虑计算其总的误差影响。例如,当存在 n 个辅助井时,误差影响值为[16]:

$$m_q = M_y / \sqrt{3+n} \tag{4.28}$$

由于每增加 1 个辅助井进入正洞施工就会增加一个地下贯通面,因而分配给每个贯通面的误差精度要求就会有所提高。此时,可计算每两个贯通面或贯通面与进、出口之间的相向贯通距离,再分别参照表 4.2-3 与表 4.2-4 给出的横向贯通误差允许建议值进行控制网设计。

4.3 隧洞控制网的布设研究

综合上述研究成果,可将计算获取的特长隧洞横向贯通误差值引入滇中引水工程的隧洞布网研究中。设某隧洞的总长度为 L_0,则单位长度允许的横向贯通误差如式(4.29)所示:

$$m_y = \frac{\Delta y}{L_0} \tag{4.29}$$

根据表 4.2-3 与表 4.2-4 给出的各长度隧洞的横向贯通误差允许值,再结合式(4.29)可以得到隧洞单位长度允许的横向贯通误差值列表,如表 4.3-1 所示。

表 4.3-1　　　　　　　　　　隧洞单位长度允许的横向贯通误差值

隧洞相向贯通长度(km)	单位长度允许的横向贯通误差值(cm/km)
<5	>2.00
5~9	1.66~3.00
9~14	2.14~3.34
14~20	2.00~2.86
20~25	1.60~2.00
25~30	1.67~2.00
30~35	1.77~2.07
35~40	1.85~2.11
40~45	1.96~2.20
45~50	2.04~2.27
50~55	2.18~2.40
55~60	2.25~2.45
60~65	2.31~2.50

因此,在设置该建筑物控制网时,隧洞变形值也应该控制在一定范围以内,才能保证横向贯通误差符合要求。下面将以具体的隧洞工程为例进行分析。

4.3.1　万家隧洞布网研究

滇中引水工程中的万家隧洞,长约 18.1km,若在施工中只设一个贯通面,则从表 4.2-4 可知,其横向贯通误差的允许值为:$\Delta y = 400mm$;再由式(4.29)可知,其单位长度允许的横向贯通误差为:$m_y = 40cm/18.1km \approx 2.21cm/km$。若该隧洞设置 2 个贯通面,在平均分布的情况下,两段相向贯通长度均约为 12.1km,也由表 4.2-4 可得,$\Delta y = 300mm$;$m_y = 30cm/12.1km \approx 2.48cm/km$。若该隧洞设置多个贯通面,每段相向贯通的距离将进一步缩小,并存在非平均分布的情况,由表 4.3-1 可知,其 m_y 值基本控制在 $1.66 \sim 3.34cm/km$。只有当每段相向贯通长度均在 2.9km 以下时,m_y 的允许值才能超过 3.34cm/km,这就要求万家隧洞设置 6 个以上的贯通面,但贯通面过多会增加施工的经济与时间成本,并不切实可行。因此,后续各隧洞的分析均不再考虑 2.9km 以下贯通长度的精度问题。

基于上述数值计算,可进行万家隧洞的布网选择。首先,对该隧洞延用干渠施工控制网采用的坐标系统。万家隧洞处于 101° 中央子午线区域,隧洞的点与中央子午线距离 $y_{min} = 9.333km$,$y_{max} = 27.424km$,相对应的高程从 1.939km 降至 1.934km。由前面章节的表 2.3-1 可知,它与干渠 101° 中央子午线区域取相同的抵偿投影面 $H_P = 1.8km$。该布网方式的变形情况如表 4.3-2 所示,由于综合变形只可能在 y_{max} 与 y_{min} 处取得最大值,因而只分析这两个位置的变形值。

表 4.3-2　　　　　　　　　　万家隧洞布网方式一的变形分析　　　　　　　　　（单位:cm/km）

y 的位置	抵偿投影面 $H_P = 1.8km$,101° 中央子午线区域高斯投影		
	高斯改化变形值 ΔS_1	高程归化变形值 ΔS_2	综合变形 ΔS
y_{min}	0.108	−2.189	−2.081
y_{max}	0.922	−2.111	−1.189
最值分析	$\max\{|\Delta S)|\} = 2.081$,超限		

隧洞处于 101° 中央子午线的东侧,高斯改化变形值 ΔS_1 从西侧的约 0.1cm/km 增大到东侧的 0.9cm/km 以上。此外,隧洞的高程面与干渠抵偿投影面的差距较大,其高程归化变形值 ΔS_2 维持在 −2cm/km 以上,使得综合变形最大值达到 2.081cm/km,刚刚符合 $1 \sim 2$ 个贯通面时隧洞的限差要求;但若隧洞在多个贯通面之间进行调整,该变形量就不符合 $1.66 \sim 3.34cm/km$ 的限差要求。

通过上述分析,万家隧洞的高程归化变形值普遍较大,因而本实验优先考虑修改建筑物的抵偿投影面,取隧洞的平均高程面为新的抵偿投影面 $H_P = 1.9365km$。则布网方式二的变形情况如表 4.3-3 所示。此时,高程归化变形值大幅下降,而高斯改化变形值不变,使得综合变形最大值下降到 $0.961\mathrm{cm/km}$，符合了 $1.66\sim3.34\mathrm{cm/km}$ 的限差要求。

表 4.3-3　　　　　　　　　　万家隧洞布网方式二的变形分析　　　　　　　　（单位：cm/km）

y 的位置	抵偿投影面 $H_P=1.9365\mathrm{km}$，101°中央子午线区域高斯投影		
	高斯改化变形值 ΔS_1	高程归化变形值 ΔS_2	综合变形 ΔS
y_{min}	0.108	−0.039	0.069
y_{max}	0.922	0.039	0.961
最值分析	$\max\{|\Delta S|\}=0.961$，符合		

为了进一步优化隧洞控制网设计，本研究参照《水利水电工程测量规范》(SL 197—2013)中的规定："长度小于 60km 的独立测区或任何长度的独立狭长带状测区，可不进行高斯投影，采用任意平面直角坐标系统。"滇中引水工程中的隧洞建筑物都符合上述要求，因此可不进行高斯投影。从而，在布网方式二的基础上，取消高斯正形投影改正，获取了万家隧洞的第三种布网方式，其变形情况如表 4.3-4 所示。该方式的最大综合变形值仅 $0.039\mathrm{cm/km}$，满足工程控制网的布设要求，并且远小于限差数值。因此，只有方式二、方式三是适合万家隧洞的控制网布设方法，并且方式三的布网效果更佳。

表 4.3-4　　　　　　　　　　万家隧洞布网方式三的变形分析　　　　　　　　（单位：cm/km）

y 的位置	抵偿投影面 $H_P=1.9365\mathrm{km}$，无高斯投影		
	高斯改化变形值 ΔS_1	高程归化变形值 ΔS_2	综合变形 ΔS
y_{min}	0	−0.039	−0.039
y_{max}	0	0.039	0.039
最值分析	$\max\{|\Delta S|\}=0.039$，符合		

4.3.2　巩树隧洞布网研究

第二个典型研究对象是巩树隧洞，其长度达到了 22.8km。若在施工中只设一个贯通面，由表 4.2-3 得，其横向贯通误差允许值为：$\Delta y=400\mathrm{mm}$；再由式(4.29)可知，其单位长度允许的横向贯通误差为：$m_y=40\mathrm{cm}/22.8\mathrm{km}\approx1.75\mathrm{cm/km}$。若该隧洞设置多个贯通面，由表 4.3-1 得，其 m_y 值也在 $1.66\sim3.34\mathrm{cm/km}$。

将上述分析的 3 种布网方式分别应用于巩树隧洞。其中，方式一是延用干渠施工控制网采用的坐标系统。由于巩树隧洞处于 99°中央子午线区域，隧洞的点与中央子午线距离 $y_{min}=40.010\mathrm{km}$，$y_{max}=41.241\mathrm{km}$，相对应的高程从 2.049km 降至 2.042km；与干渠取相同的抵偿投影面 $H_P=1.9\mathrm{km}$。方式二是在干渠坐标系统的基础上，修改抵偿投影面为隧洞的平均高程面 $H_P=2.0455\mathrm{km}$。方式三是建立隧洞独立坐标系统。将隧洞坐标系统挂靠在干渠的 99°中央子午线区域上，观测边长不进行高斯正形投影改正，并投影到所选定的隧洞平

均高程面 $H_P = 2.0455$km。

3 种布网方式的变形情况如表 4.3-5 所示。

表 4.3-5 　　　　　　　　　巩树隧洞 3 种布网方式变形比较　　　　　　　　　（单位:cm/km）

y 的位置	方式一: $H_P=1.9$km, 有高斯投影			方式二: $H_P=2.0455$km, 有高斯投影			方式三: $H_P=2.0455$km, 无高斯投影		
	ΔS_1	ΔS_2	ΔS	ΔS_1	ΔS_2	ΔS	ΔS_1	ΔS_2	ΔS
y_{min}	1.975	−2.340	−0.365	1.975	−0.055	1.920	0	−0.055	−0.055
y_{max}	2.098	−2.228	−0.130	2.098	0.055	2.153	0	0.055	0.055
最值分析	max{|ΔS|}=0.365,符合			max{|$F_{(y)}$|}=2.153,超限			max{|$F_{(y)}$|}=0.055,符合		

由表 4.3-5 中的结果可知,使用方式一布网时,高斯改化变形值 ΔS_1 与高程归化变形值 ΔS_2 值都很大,并可互相抵消,使综合变形值 ΔS 控制在 0.365cm/km 以内,符号限差要求。方式二则由于明显的高斯投影变形,导致综合变形值达到 2.153cm/km,超出限差要求。而方式三不进行高斯投影,高斯改化变形值 ΔS_1 为零;建筑物仅有高程归化变形值 ΔS_2,在两端点处均为 0.055cm/km,综合变形值 ΔS 更小。因此,巩树隧洞适合使用方式一、方式三两种布网方法,特别是方式三控制效果更佳。

4.3.3　香炉山隧洞布网研究

滇中引水工程中最长的是香炉山隧洞,其总长度约达 63.4km,由表 4.2-3 得,其横向贯通误差允许值为: $\Delta y = 1500$mm;再由式(4.29)可知,其单位长度允许的横向贯通误差为: $m_y = 150$cm/63.4km≈2.37cm/km。若该隧洞设置多个贯通面,由表 4.3-1 得,其 m_y 的取值在 1.60～3.34cm/km。

该隧洞处于 100°中央子午线区域,所处的干渠投影面为 1.9km;隧洞的点与中央子午线距离 $y_{min} = -4.302$km, $y_{max} = 8.94$km,相对应的高程从 2.000km 降至 1.981km,则隧洞平均高程面为 1.9905km。

使用 3 种布网方式,分析香炉山隧洞的变形情况,结果如表 4.3-6 所示。香炉山隧洞使用与干渠相同的方式一布网时,高程归化变形值 ΔS_2 很大,使综合变形值 ΔS 达到 1.547cm/km,刚刚满足 1.60～3.34cm/km 的限差要求。方式二修改投影面后,使综合变形值下降到 0.247cm/km 以内。但相比而言,仍是方式三的变形误差 0.149cm/km 最小,后两种布网方式的变形误差值都远低于限差要求。因此,对于滇中引水工程最长的香炉山隧洞,使用上述分析的 3 种方式都能满足工程要求,但方式三的控制效果仍是最佳。

表 4.3-6　　　　　　　　　　香炉山隧洞 3 种布网方式变形比较　　　　　　（单位：cm/km）

y 的位置	方式一：H_P＝1.900km，有高斯投影			方式二：H_P＝1.9905km，有高斯投影			方式三：H_P＝1.9905km，无高斯投影		
	ΔS_1	ΔS_2	ΔS	ΔS_1	ΔS_2	ΔS	ΔS_1	ΔS_2	ΔS
y_{min}	0.023	−1.570	−1.547	0.023	−0.149	−0.126	0	−0.149	−0.149
y_{max}	0.098	−1.271	−1.173	0.098	0.149	−0.247	0	0.149	0.149
最值分析	max$\{\lvert \Delta S\rvert\}$=1.547,符合			max$\{\lvert F(y)\rvert\}$=0.247,符合			max$\{\lvert F(y)\rvert\}$=0.149,符合		

4.4　建筑物控制网的建立分析

通过 4.3 节的分析可知，隧洞控制网的建立方式是由横向贯通误差来决定的。由表 4.3-1 的数值分析，当隧洞控制网的精度能达到或高于 1.6cm/km 时，其横向贯通误差数值能满足任意的贯通面设置方案。这种建网标准不仅适用于隧洞，也适用于其他地下工程的施工测量，比如暗涵。而对于滇中引水工程，隧洞与暗涵是全线长度占比最大的两种建筑物，两者累加长度可达到输水线路全长的 95％ 左右，远大于明渠、渡槽及倒虹吸这另外 3 种建筑物。因此，针对地下工程的横向贯通误差来确定建筑物控制网的建立原则，是有代表性的。具体的建筑物控制网的建立原则分析如下：

1）建筑物施工控制网布设精度可参照隧洞贯通测量精度，设置为 1.6cm/km。

2）当建筑物使用所在区域的干渠坐标系统能达到 1.6cm/km 的布设精度要求时，可直接使用干渠坐标系统成果进行建筑物工程施工放样等工作，如上述分析的巩树隧洞。

3）当建筑物使用所在区域的干渠坐标系统不能达到 1.6cm/km 的布设精度要求时，应建立建筑物独立坐标系统。该坐标系统挂靠在干渠坐标系上，观测边长不进行高斯投影改正，但须投影到所选定的建筑物高程面上，如工程中最长的香炉山隧洞。

第 5 章　椭球变换与控制网衔接研究

从上述章节的研究可知,对于高原地区的滇中引水工程,无论是干渠控制网还是建筑物控制网的建立,都涉及了抵偿投影面的设置问题。抵偿投影面可以有效地减小高程归化变形量;但抵偿投影面与参考椭球面之间存在高度差,常需要通过椭球变换来进行衔接。椭球变换方法包括椭球膨胀法、椭球平移法和椭球变形法等,特别是椭球膨胀法在工程实践中应用较为广泛[77]。

5.1　椭球膨胀法

5.1.1　方法研究

椭球膨胀法的基本原理是:保持椭球中心与椭球扁率不变,使椭球膨胀放大到所需的投影面高度。如图 5.1-1 所示,P_0 为地面上的基准点,其在基础椭球面 E_1 上的对应点为 P_1,E_1 沿 P_1 的法线方向 P_0P_1 膨胀 Δh 到所定义的投影面 F_h,形成膨胀后的椭球 E_2,E_2 上的对应点为 P_2。其中,Δh 为 P_1 到 P_2 点的距离,即 F_h 投影面在基础椭球面 E_1 上的大地高。椭球膨胀前后,椭球的长半轴发生变化,而针对其变化量存在多种计算方式[19-21,77]。

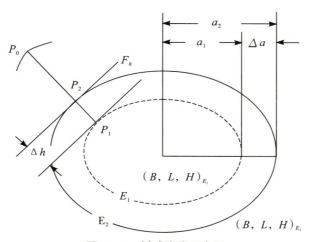

图 5.1-1　椭球膨胀示意图

（1）直接法

该方法是直接将投影面大地高定为椭球长半轴的变化量，即 $\Delta a \approx \Delta h$ 。

（2）平均曲率半径法

该方法近似认为椭球膨胀过程是沿着 P_1 点处的平均曲率半径的方向。由平均曲率半径公式可得：

$$R_1 = \sqrt{M_1 \cdot N_1} = \frac{a_1 \sqrt{1-e^2}}{1-e^2 \sin^2 B_1}$$

$$R_2 = R_1 + \Delta h = \frac{a_2 \sqrt{1-e^2}}{1-e^2 \sin^2 B_2} \tag{5.1}$$

式中：R_1、R_2——基准点在基础椭球与膨胀椭球上的平均曲率半径；

M_1、N_1——基础椭球的子午圈曲率半径和卯酉曲率半径；

a_1、a_2——基础椭球和膨胀椭球的长半轴；

e——椭球的第一偏心率；

B_1、B_2——基准点在基础椭球与膨胀椭球的大地纬度。

由式（5.1）推得：

$$a_1 = \frac{R_1 \cdot (1-e^2 \sin^2 B_1)}{\sqrt{1-e^2}}$$

$$a_2 = \frac{R_2 \cdot (1-e^2 \sin^2 B_2)}{\sqrt{1-e^2}} \tag{5.2}$$

$$= \frac{(R_1 + \Delta h) \cdot (1-e^2 \sin^2 B_2)}{\sqrt{1-e^2}}$$

由于 $B_1 \approx B_2$，因此可求得长半轴的变化量为：

$$\Delta a = a_2 - a_1$$

$$\approx \frac{\Delta h \cdot (1-e^2 \sin^2 B_1)}{\sqrt{1-e^2}} \tag{5.3}$$

（3）卯酉圈曲率半径法

由于基础椭球是沿着法线 $P_0 P_1$ 的方向进行膨胀，假设膨胀后的椭球 E_2 在 P_2 处的法线与 $P_0 P_1$ 重合，则投影面的大地高等于卯酉圈曲率半径 N 的变化量，即 $\Delta N = N_2 - N_1 = \Delta h$ ，其中 N_1 与 N_2 分别为基础椭球与膨胀椭球的卯酉圈曲率半径。再由：

$$N_i = \frac{a_i}{\sqrt{1-e^2 \sin^2 B_i}} \tag{5.4}$$

得出基础椭球与膨胀椭球的长半轴分别为：

$$a_1 = N_1 \cdot \sqrt{1-e^2 \sin^2 B_1}$$

$$a_2 = N_2 \cdot \sqrt{1-e^2 \sin^2 B_2} \tag{5.5}$$

同样由 $B_1 \approx B_2$，可以得到长半轴的变化量为：

$$\Delta a \approx \Delta N \cdot \sqrt{1 - e^2 \sin^2 B_1}$$
$$= \Delta h \cdot \sqrt{1 - e^2 \sin^2 B_1} \tag{5.6}$$

（4）平面解析法

上述的几种方法均存在着近似的推导过程，如卯酉圈曲率半径法是在假设椭球膨胀前后的法线重合，并且有 $B_1 \approx B_2$ 时实现。但由于椭球面具有各向异性，因此椭球膨胀后法线的方向可能变化，并且基准点的纬度也可能不同。因此，需要用更严密的解析法推导椭球长半轴的变化量。

如图 5.1-2 所示，在子午平面直角坐标系中，基础椭球在 P_1 处的法线方向仍是 $P_1 P_2$，并延长交椭球短半轴于 n_1 点，即 $P_1 n_1$ 为 P_1 点在基础椭球 E_1 上的卯酉圈曲率半径；而膨胀椭球 E_2 在 P_2 点的法线方向为 $P_2 n_2$，即 $P_2 n_2$ 为 P_2 点在膨胀椭球 E_2 上的卯酉圈曲率半径。在此平面坐标系中，P_1 点的坐标 (X_1, Y_1) 与 P_2 点的坐标 (X_2, Y_2) 分别为：

$$X_1 = P_1 n_1 \cdot \cos B_1 = N_1 \cdot \cos B_1$$
$$Y_1 = P_1 Q_1 \cdot \sin B_1 = N_1 \cdot (1 - e^2) \cdot \sin B_1 \tag{5.7}$$

$$X_2 = P_2 n_2 \cdot \cos B_2 = N_2 \cdot \cos B_2$$
$$Y_2 = P_2 Q_2 \cdot \sin B_2 = N_2 \cdot (1 - e^2) \cdot \sin B_2 \tag{5.8}$$

再由 $P_1 P_2 = \Delta h$，也可推得 P_2 点的坐标为：

$$X_2 = P_2 n_1 \cdot \cos B_1 = (N_1 + \Delta h) \cdot \cos B_1$$
$$Y_2 = P_2 Q_1 \cdot \sin B_1 = N_1 \cdot (1 - e^2) \cdot \sin B_1 + \Delta h \cdot \sin B_1 \tag{5.9}$$

由式（5.8）、式（5.9）得：

$$\frac{Y_2}{X_2} = (1 - e^2) \cdot \tan B_2 = \frac{N_1 \cdot (1 - e^2) \cdot \sin B_1 + \Delta h \cdot \sin B_1}{(N_1 + \Delta h) \cdot \cos B_1} \tag{5.10}$$

由式（5.10）变换，求得 $\tan B_2$ 表达式为：

$$\tan B_2 = \left(1 + \frac{\Delta h \cdot e^2}{(N_1 + \Delta h) \cdot (1 - e^2)} \right) \cdot \tan B_1 \tag{5.11}$$

由式（5.11）可知，膨胀椭球的大地纬度 B_2 总是大于等于 B_1，并可由此式求得 B_2。再由式（5.8）与式（5.9）中 X_2 的表达式可得到 N_2 的表达式为：

$$N_2 = \frac{(N_1 + \Delta h) \cdot \cos B_1}{\cos B_2} \tag{5.12}$$

综合式（5.5）中 a_2 的表达式，以及式（5.12），可得到长半轴的变化公式如式（5.13）所示。其中，膨胀椭球的大地纬度 B_2 可由式（5.14）求得。

$$\Delta a = \left(\frac{a_1}{\sqrt{1 - e^2 \sin^2 B_1}} + \Delta h \right) \cdot \frac{\sqrt{1 - e^2 \sin^2 B_2} \cdot \cos B_1}{\cos B_2} - a_1 \tag{5.13}$$

$$B_2 = \arctan\left[\left(1 + \frac{\Delta h \cdot e^2}{(N_1 + \Delta h) \cdot (1 - e^2)}\right) \cdot \tan B_1\right] \tag{5.14}$$

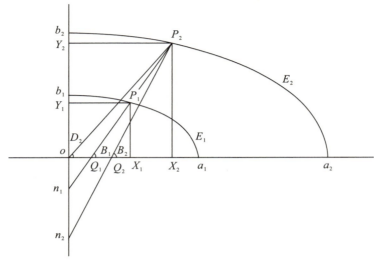

图 5.1-2　椭球膨胀平面解析法图

（5）广义微分法

该方法是利用广义大地坐标微分公式确定椭球长半轴变化量。对于广义椭球的变换模型,广义大地坐标微分公式为:

$$\begin{bmatrix} dB \\ dL \\ dH \end{bmatrix} = A\begin{bmatrix} dX_0 \\ dY_0 \\ dZ_0 \end{bmatrix} + B\begin{bmatrix} da \\ d\partial \end{bmatrix} + C\begin{bmatrix} \varepsilon X \\ \varepsilon Y \\ \varepsilon Z \end{bmatrix} + D\Delta m \tag{5.15}$$

代入不同的平移参数（dX_0, dY_0, dZ_0）、旋转参数（$\varepsilon X, \varepsilon Y, \varepsilon Z$）、椭球几何要素（$da$,$d\partial$）和尺度因子 Δm,可以算出椭球变换后的大地坐标变化量。由于椭球膨胀法不改变椭球的定位、定向、尺度和扁率,因此在微分公式中包含空间坐标转换的 8 个参数项全部可以忽略,仅保留椭球长半轴的变化量,化简后可得到基准点从基础椭球 E_1 的大地坐标（B_1, L_1, H_1）到膨胀椭球 E_2 的变化量为:

$$\begin{bmatrix} dB \\ dL \\ dH \end{bmatrix} = \begin{bmatrix} \dfrac{N_1 \cdot e^2 \cdot \sin B_1 \cdot \cos B_1}{(M_1 + H_1) \cdot a_1} \\ 0 \\ -\sqrt{1 - e^2 \cdot \sin^2 B_1} \end{bmatrix} \cdot \Delta a \tag{5.16}$$

式中:M_1——基础椭球的子午圈曲率半径。

在椭球膨胀过程中,投影面与 E_2 椭球面越接近,吻合程度越好,若要投影面与 E_2 椭球面重合,则有:

$$|dH| = \Delta a \cdot \sqrt{1 - e^2 \cdot \sin^2 B_1} = \Delta h \tag{5.17}$$

进而得到长半轴的变化量为：

$$\Delta a = \frac{\Delta h}{\sqrt{1 - e^2 \cdot \sin^2 B_1}}$$

(5.18)

5.1.2　工程应用分析

(1)国家 3°带测区分析

滇中引水工程干渠线路 100°～103°E，跨越了两个国家 3°带，本书以分段的 102°中央子午线区域为例，进行各方法的应用分析。该测段从 100°30′～103°29′02″E，基本在中央子午线两侧平均分布。因此，在进行椭球膨胀时，选择的膨胀基准点为经度 $L_0 = 102°$，纬度 $B_0 = 25°18′38.72″$。此外，该测段的平均正常高为 1800m，区域高程异常为 29.933m，所以得到投影面高程 $\Delta h = 1829.933$m。再使用上述介绍的椭球膨胀方法分别计算椭球长半轴的变化量，如表 5.1-1 所示。其中，平均曲率半径法的变化量最大，卯酉圈曲率半径法变化量最小，而居中的 3 个变化量中，平面解析法与广义微分法的变化量极为接近，仅有 2×10^{-6}m 的差值。

表 5.1-1　　　　　　　　　　　　　　椭球长半轴的变化量

方法比较	直接法	平均曲率半径法	卯酉圈曲率半径法	平面解析法	广义微分法
长半轴变化量(m)	1829.933	1833.841861	1828.813266	1831.053421	1831.053419

由椭球长半轴的变化量能够获取膨胀后的椭球参数，从而获取新椭球上各点的大地坐标。此处针对基准点，分别求取经度、纬度与高程的变化量，如表 5.1-2 所示。其中，各种方法的经度变化均为零，纬度变化均是正值，这与广义微分法获取的式(5.16)是吻合的。并且，也能看到膨胀前后的基准点纬度差异是较为明显的，平均曲率半径法与卯酉圈曲率半径法忽略了这种纬度差，模型方法是不严密的。

此外，不同方法的高程变化差异较大，这反映了不同方法进行膨胀后，投影面与膨胀椭球 E_2 的吻合度有所差异。高程变化的数值越小，吻合程度越好。因此，无高程差异的平面解析法是吻合程度最好的，其次是广义微分法，有 2×10^{-6}m 的微小差值。而平均曲率半径法与卯酉圈曲率半径法的吻合效果较差，高程吻合度均不如直接法。

表 5.1-2　　　　　　　　　　　　　膨胀椭球上基准点大地坐标变化量

基准点变化	直接法	平均曲率半径法	卯酉圈曲率半径法	平面解析法	广义微分法
经度(″)	0	0	0	0	0
纬度(″)	0.153884	0.154213	0.153790	0.153981	0.153978
高程(m)	1.119735	−2.786735	2.238784	0	0.000002

从上述分析可知,使用不同方法对滇中引水测区进行椭球膨胀,会造成显著的椭球长半轴差值与基准点高程变化差值。由于工程要求进行高斯投影变换,则投影变换后的坐标差异仍有待探求。本书对测区的西端点($L=100°30'$)与东端点($L=103°29'01.59''$),使用不同的椭球膨胀方法,分别进行高斯投影变换,并统计端点的平面距离,如表5.1-3所示。

表 5.1-3　　　　　　　　　　　　椭球膨胀后 3°带高斯投影比较

椭球膨胀方法	西端点		东端点		两端点平面距离(m)
	X(m)	Y(m)	X(m)	Y(m)	
直接法	2819462.676	349095.113	2570405.189	651931.209	392096.076
平均曲率半径法	2819464.414	349095.021	2570406.773	651931.302	392096.317
卯酉圈曲率半径法	2819462.178	349095.139	2570404.735	651931.182	392096.007
平面解析法	2819463.174	349095.086	2570405.643	651931.235	392096.145
广义微分法	2819463.174	349095.086	2570405.643	651931.235	392096.145

其中,使用平均曲率半径法获取的高斯投影坐标值最大,相应的两端点平面距离最长;使用卯酉圈曲率半径法获取的坐标值最小,两端点平面距离也最小;端点坐标差值最大达2.236m,平面距离差值最大为0.310m,差异较为明显。由于滇中引水工程线路较长,计划使用1°的高斯投影方式控制投影变形。因此,本书也继续使用1°带测区进行椭球膨胀方法的比较分析。

（2）国家 1°带测区分析

为了与上述的3°带测区结果形成对比,本书在1°带测区中也选择102°中央子午线区域进行分析。该测段从西端点($L=101°30'$)延伸至东端点($L=102°30'$),均匀分布在中央子午线两侧。因此,选择的椭球膨胀基准点仍为经度$L_0=102°$,纬度$B_0=25°18'38.72''$,投影面高程仍是$\Delta h=1829.933$m。使用不同的椭球膨胀法获取的长半轴变化量与基准点大地坐标变化量与3°带测区相同。因此,只在1°带测区内对端点进行高斯投影变换,并统计端点的平面距离,如表5.1-4所示。

表 5.1-4　　　　　　　　　　　　椭球膨胀后 1°带高斯投影比较

椭球膨胀方法	西端点		东端点		两端点平面距离(m)
	X(m)	Y(m)	X(m)	Y(m)	
直接法	2790726.874	449597.103	2785155.478	550423.590	100980.300
平均曲率半径法	2790728.594	449597.072	2785157.195	550423.621	100980.362
卯酉圈曲率半径法	2790726.381	449597.112	2785154.987	550423.581	100980.282
平面解析法	2790727.367	449597.094	2785155.970	550423.599	100980.318
广义微分法	2790727.367	449597.094	2785155.970	550423.599	100980.318

其中,端点坐标差值最大仍能达 2.213m,而平面距离差值最大为 0.080m。可见,即使在 1°带测区内,不同膨胀方法带来的高斯坐标差异仍较大。而两端点的平面距离差值虽有大幅下降,但这是基于测区从 3°范围减小为 1°范围而引起的。

为了更准确地分析不同椭球膨胀法的差异,本研究进一步进行了单位长度的变形分析。如表 5.1-5 所示,是针对各种椭球膨胀法分别计算两端点的高斯投影变形量与高程归化变形量。

表 5.1-5　　　　　　　　　　椭球膨胀后 1°带长度变形

椭球膨胀方法	西端点(单位:cm/km)		东端点(单位:cm/km)	
	高斯投影变形	高程归化变形	高斯投影变形	高程归化变形
直接法	3.136	−1.987	3.138	−1.563
平均曲率半径法	3.136	−1.925	3.138	−1.502
卯酉圈曲率半径法	3.136	−2.004	3.138	−1.581
平面解析法	3.136	−1.969	3.138	−1.545
广义微分法	3.136	−1.969	3.138	−1.545

由表 5.1-5 中数据分析可知,各膨胀方法的高斯投影变形相同,这是由于各点的 Y 值变化很小(表 5.1-3),高斯投影变形量变化甚微。而各方法带来的高程归化变形则差异较大,最大差值可达 0.079cm/km。这种变形差异正是来自投影面与膨胀椭球的吻合度差异,如前面针对表 5.1-1 数据的分析,吻合度最好的平面解析法与广义微分法计算的高程归化变形值也是一致的。

5.1.3　方法适用性分析

综合分析,在云南滇中引水工程中,使用不同的椭球膨胀法构建独立坐标系统后,计算得到的大地坐标与高斯投影坐标均有较大差异。因此选择合适的椭球膨胀法对工程坐标系统的建立尤为重要。

最先使用的直接法是简化的模型方法,其理论基础不完善,会造成较大的投影变形误差,不推荐在跨越多个国家投影带的长距离工程中应用。

其次的平均曲率半径法将椭球膨胀方向近似为椭球的平均曲率方向,并忽略膨胀前后基准点的纬度差异。在滇中引水工程计算时,其大地坐标值与高斯坐标值与其他模型方法差异较大,应避免在高原长距离工程中使用。但该方法在局部区域能一定程度地削弱椭球面不平行造成的误差,可考虑在不跨越投影带的小范围的工程中使用[77]。

然后使用的卯酉圈曲率半径法,理论上遵守了椭球膨胀的法线方向,只是忽略了膨胀后椭球基准点的法线方向与纬度值的变化,但其模型公式却有不合理性。在式(5.6)中,$\sqrt{1-e^2\sin^2 B_1}$ 小于或等于1,使长半轴变化量 $\Delta a = \Delta h \cdot \sqrt{1-e^2\sin^2 B_1}$ 总是小于或等于

Δh 。而实际上，在地球扁率不变的情况下，长半轴的膨胀量应该比椭球的任何其他位置都大，即 Δa 应该是大于或等于 Δh 。可见，该方法的模型是不合理的。这也造成了在滇中引水工程计算中该方法引入的椭球膨胀量最小，获取的独立坐标数值也最小。

相比而言，在各种方法中理论最严密的是平面解析法与广义微分法。前者是利用平面解析几何的方式推导详细的膨胀椭球长半轴计算公式，后者是基于广义大地坐标微分公式确定椭球长半轴变化量。两种方法在滇中引水工程计算中的结果互为印证，是本工程优先使用的椭球膨胀法。在这两种方法中，平面解析法模型构建复杂，使用不太便利；而广义微分法虽在投影面与椭球的吻合度上有微小误差，但误差值完全可被本工程所接受。因此广义微分法是本研究推荐的椭球膨胀方法。

5.2 椭球变形法

椭球变形法是先将基础椭球面 E_1 沿基准点的法线方向膨胀 Δh 到所定义的参考面，椭球中心保持不变；再变化新椭球的扁率，使得基准点处的法线方向派生前后重合，基准点的经纬度不发生变化，而大地高由 H_1 变为 $H_2(H_2 = H_1 - \Delta h)$。由于椭球变形前后轴向相同，因此，可以利用两椭球上的基准点三维直角坐标相等的条件来确定新的椭球参数[18,22]。由 X、Y、Z 坐标相等，分别可得下式：

$$(N_1 + H_1) \cdot \cos B_1 \cdot \cos L_1 = (N_2 + H_2) \cdot \cos B_2 \cdot \cos L_2 \tag{5.19}$$

$$(N_1 + H_1) \cdot \cos B_1 \cdot \sin L_1 = (N_2 + H_2) \cdot \cos B_2 \cdot \sin L_2 \tag{5.20}$$

$$[N_1 \cdot (1 - e_1^2) + H_1] \cdot \sin B_1 = [N_2 \cdot (1 - e_2^2) + H_2] \cdot \sin B_2 \tag{5.21}$$

式中：e_1 与 e_2——基础椭球与变形椭球的第一偏心率。

由式(5.19)与式(5.20)，再结合 $B_1 = B_2$，$L_1 = L_2$ 得出：

$$N_2 = N_1 + H_1 - H_2 = N_1 + \Delta h \tag{5.22}$$

将式(5.22)代入式(5.21)，得到：

$$e_2^2 = \frac{N_1}{N_1 + \Delta h} \cdot e_1^2 \tag{5.23}$$

由式(5.22)与式(5.23)就得到变形后的椭球长半轴与扁率分别如下所示：

$$a_2 = N_2 \cdot W_2 = (N_1 + \Delta h) \cdot \sqrt{1 - \frac{N_1 \cdot e_1^2 \cdot \sin^2 B_1}{N_1 + \Delta h}} \tag{5.24}$$

$$f_2 = 1 - \sqrt{1 - e_2^2} = 1 - \sqrt{1 - \frac{N_1 \cdot e_1^2}{N_1 + \Delta h}} \tag{5.25}$$

由上述求得的参数可得到变形后的新椭球。进一步地，类似于椭球膨胀法，可由式(5.15)的广义大地坐标微分公式求得，从基础椭球到变形椭球的大地坐标变化量为：

$$\begin{bmatrix} \mathrm{d}B \\ \mathrm{d}L \\ \mathrm{d}H \end{bmatrix} = \begin{bmatrix} \dfrac{N_1 \cdot e_1^2 \cdot \sin B_1 \cdot \cos B_1}{(M_1 + H_1) \cdot a_1} & \dfrac{M_1 \cdot (2 - e_1^2 \cdot \sin^2 B_1) \cdot \sin B_1 \cdot \cos B_1}{(M_1 + H_1) \cdot (1 - f_1)} \\ 0 & 0 \\ \dfrac{N_1 \cdot (e_1^2 \cdot \sin^2 B_1 - 1)}{a_1} & \dfrac{M_1 \cdot (1 - e_1^2 \cdot \sin^2 B_1) \cdot \sin^2 B_1}{1 - f_1} \end{bmatrix} \cdot \begin{bmatrix} \mathrm{d}a \\ \mathrm{d}f \end{bmatrix}$$

$$(5.26)$$

5.3　椭球平移法

椭球平移法是将基础椭球面 E_1 沿基准点的法线方向平移 Δh，使得基准点与边长归算高程面重合，但不改变椭球元素，即 $\Delta a = 0$，$\Delta f = 0$ [21,22]。

并且，基准点的经纬度不变，仅大地高变化为 Δh。椭球平移使得新椭球的地心在基础椭球中的三维坐标变化为：

$$\begin{bmatrix} \mathrm{d}X \\ \mathrm{d}Y \\ \mathrm{d}Z \end{bmatrix} = \begin{bmatrix} \cos B_1 \cos L_1 \\ \cos B_1 \sin L_1 \\ \sin B_1 \end{bmatrix} \cdot \Delta h \qquad (5.27)$$

从基础椭球到平移椭球的大地坐标变化量为：

$$\begin{bmatrix} \mathrm{d}B \\ \mathrm{d}L \\ \mathrm{d}H \end{bmatrix} = \begin{bmatrix} -\dfrac{\sin B_1 \cdot \cos L_1}{(M_1 + H_1)} & -\dfrac{\sin B_1 \cdot \sin L_1}{(M_1 + H_1)} & \dfrac{\cos B_1}{(M_1 + H_1)} \\ -\dfrac{\sin L_1}{(N_1 + H_1) \cdot \cos B_1} & \dfrac{\cos L_1}{(N_1 + H_1) \cdot \cos B_1} & 0 \\ \cos B_1 \cdot \cos L_1 & \cos B_1 \cdot \sin L_1 & \sin B_1 \end{bmatrix} \cdot \begin{bmatrix} \mathrm{d}X \\ \mathrm{d}Y \\ \mathrm{d}Z \end{bmatrix}$$

$$(5.28)$$

5.4　椭球变换方法对比与选定

5.4.1　椭球参数变化分析

对滇中引水工程分别使用 3 种椭球变换方法进行分析比较，其中，椭球膨胀法选择了 5.1.1.1 节分析得出的理论严密、算法较为便利的广义微分法。此处的工程应用也选取分段的 $102°$中央子午线 $1°$带区域进行分析，该测段从西端点（$L = 101°30'$）延伸至东端点（$L = 102°30'$）；选择的椭球变换基准点为经度 $L_0 = 102°$，纬度 $B_0 = 25°18'38.72''$。该测段的平均正常高为 $1800 \mathrm{m}$，区域高程异常为 $29.933 \mathrm{m}$，所以得到投影面高程 $\Delta h = 1829.933 \mathrm{m}$。使用 3 种椭球变换方法分别进行分析计算，得到椭球参数的变化情况如表 5.4-1 所示。

表 5.4-1 　　　　　　　　　　　各椭球变换方法的椭球参数变化情况

椭球变换方法	长半轴 Δa(m)	扁率 Δf	椭球中心变化(m)		
			$\mathrm{d}x$	$\mathrm{d}y$	$\mathrm{d}z$
椭球膨胀法	1831.053419	0	0	0	0
椭球变形法	1829.933343	-9.63×10^{-7}	0	0	0
椭球平移法	0	0	343.9407	-1618.114	-782.347

　　从表 5.4-1 中可以直观地看到,椭球膨胀法只增大长半轴,椭球变形法改变长半轴与扁率,椭球平移法不改变长半轴与扁率,但会使椭球中心变化。

5.4.2　大地坐标变化分析

　　对各种变换方法获取的新椭球计算西端点与东端点的大地坐标,并求得与基础椭球坐标的变化量,如表 5.4-2 所示。

表 5.4-2 　　　　　　　　　　　椭球变换后的大地坐标变化量

椭球变换方法	西端点			东端点		
	ΔB(″)	ΔL(″)	ΔH(m)	ΔB(″)	ΔL(″)	ΔH(m)
椭球膨胀法	0.153552	0	-0.007977	0.153331	0	-0.0112122
椭球变形法	0.000001	0	0.000001	0.000001	0	0.000001
椭球平移法	-0.101126	-0.515683	0.059606	-0.153309	-0.515474	0.063042

　　其中,椭球膨胀法经度不变,纬度与高程变化较大,纬度变化可达 0.15″,高程变化约为 8cm;椭球变形法经度不变,纬度与高程变化都很小,两端点纬度与高程变化在 10^{-6} 数量级;椭球平移法的经度、纬度与高程均有最大变化,经度变化可达 0.5″,高程变化可达 6cm。

5.4.3　高斯投影坐标变化分析

　　使用不同的椭球变换方法,分别进行高斯投影变换,并统计端点的平面距离,如表 5.4-3 所示。

表 5.4-3 　　　　　　　　　　　椭球变换后 1°带高斯投影比较

椭球变换方法	西端点		东端点		两端点平面距离(m)
	X(m)	Y(m)	X(m)	Y(m)	
椭球膨胀法	2790727.3669	449597.0942	2785155.9702	550423.5992	100980.3177
椭球变形法	2790727.0414	449597.0942	2785155.6447	550423.5991	100980.3176
椭球平移法	2789918.6572	449597.0944	2784347.2605	550423.5990	100980.3173
基础椭球	2789921.7150	449611.5420	2784351.9250	550409.1450	100951.3711

各变换方法获取的两端点的 Y 坐标值很接近,差值都在 0.2mm 以内。在 X 坐标方面,椭球膨胀法与椭球变形法差值约为 0.3m,而它们与椭球平移法的差值却很大。但与基础椭球的端点坐标相比,椭球平移法的坐标值变化远小于另外两种方法。对于两端点的平面距离,各种椭球变换方法求得的距离基本一致,最大差值仅为 0.3mm。

5.4.4　二维点相对运动分析

由上述的高斯投影坐标变化分析可知,在椭球变换前后,椭球的几何要素等参数会发生变化,从而导致高斯平面上各点的坐标会发生相对运动,即点本身的绝对位置没有变化,而是参考系统的变化促使坐标镜像发生变化[18,78-81]。在椭球变换前,可以得到各点在高斯平面坐标系下的坐标 $(x,y)_{E0}$;在椭球变换后,有新坐标 $(x,y)_{Ei}$。因此,同名各点有坐标差 $(\Delta x,\Delta y)_{Pi}$。如果在各点 $(x,y)_{E0}$ 的基础上标出向量 $(\Delta x,\Delta y)_{Pi}$,就形成了区域各点的二维相对运动场图。如图 5.4-1 所示,其中图 5.4-1(a)与图 5.4-1(c)显示的椭球膨胀法与椭球变形法应用前后点的相对运动趋势是相似的,都是由底部向外辐射;而图 5.4-1(b)显示的椭球平移法的相对运动则是由中心向外辐射,其二维相对运动较为均匀,并且运动变化量较另外两种方法相对较小。

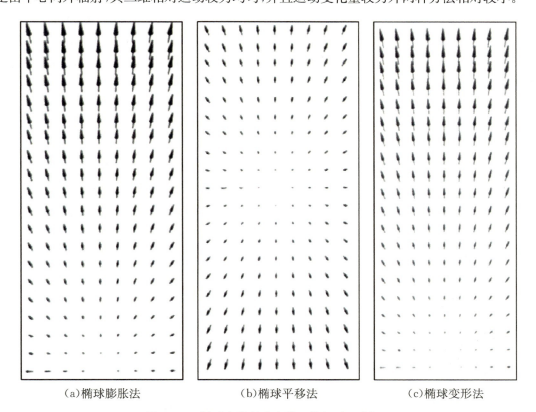

(a)椭球膨胀法　　　　　　(b)椭球平移法　　　　　　(c)椭球变形法

图 5.4-1　椭球变换所产生的二维相对运动场图

5.4.5 长度变形分析

为了更准确地分析不同椭球变换方法的差异,进一步研究了单位长度的变形量。如表 5.4-4 所示,是针对各种椭球变换方法分别计算两端点的高斯改化变形量与高程归化变形量。

表 5.4-4 　　　　　　　　　　　椭球变换后 1°带长度变形 　　　　　　　　　（单位:cm/km）

椭球变换方法	西端点		东端点	
	高斯改化变形	高程归化变形	高斯改化变形	高程归化变形
椭球膨胀法	3.136	−1.969	3.138	−1.545
椭球变形法	3.136	−1.969	3.138	−1.546
椭球平移法	3.136	−1.970	3.138	−1.547

由表 5.4-4 中数据分析可知,各变换方法的高斯改化变形一致,这是由于各方法的 Y 值变化很小(表 5.4-3),高斯变形量相差甚微,而各方法带来的高程归化变形则有较小的差异,这种差值是由各方法的 ΔH 不同造成的(表 5.4-2)。其中,椭球变形法基本不影响高程归化变形,而椭球膨胀法与椭球平移法分别会使高程归化变形有细微的增大与减小,变化值最大只有 0.001cm/km。

5.4.6 方法特点对比

综合上述分析,3 种椭球变换方法各有异同,也各具其特点。椭球膨胀法只涉及椭球长半轴一个变化量,模型设置相对简单,测算方便。椭球变形法的大地坐标变化量很小,其在滇中引水工程线路的大地经纬度与高程变化量可以忽略不计,利于工程分段大地坐标成果的衔接。而椭球平移法则对高斯投影坐标的影响最小,并且高斯坐标的二维相对运动比较均匀,适合于较大范围的高斯投影成果衔接。

各种变换方法也有一致性,如 3 种方法进行椭球变换后再高斯投影,测距边的平面距离都会增大,并且增加值基本一致。另外,3 种方法对高斯投影变形与高程归化变形的影响差别很小,基本可以忽略。

5.4.7 椭球变换方法选定

针对滇中引水工程的多坐标系统衔接需求,应选定唯一的椭球变换方法予以统一使用,便于方法模型的构建与多段工程成果的衔接。综合分析各种椭球变换方法的特点,本研究推荐使用"椭球膨胀法之广义微分法"作为滇中引水工程的椭球变换方法。推荐理由如下:

1）3 种椭球变换方法中椭球膨胀法只涉及椭球长半轴一个变化量,模型设置简单,测算最为便利。相比而言,椭球变形法有 2 个变化量,椭球平移法有 3 个变化量,模型构造都相对复杂,不利于滇中引水工程多段线路的衔接。因此,主要从使用便利的角度选择了椭球膨胀法。

2）椭球膨胀法与椭球变形法及椭球平移法一样,都会使测距边的平面距离增大,并且增加值基本一致,并且它们对高斯投影变形与高程归化变形的影响差别很小,基本可以忽略。因此,从投影变形的角度分析,椭球膨胀法在滇中引水工程中予以使用是可行的。

3）椭球膨胀法具体涉及 5 种方法,其中的广义微分法兼顾了理论的严密性与使用的便利性,因此也是本研究具体选定的椭球膨胀方法。

第6章 高精度施工控制网的数据处理研究

滇中引水工程的施工控制网在平面数据处理方面涉及 GPS 观测量与常规观测量(全站仪、经纬仪观测量等),高程方面涉及水准观测量等,本书现阶段主要针对 GPS 观测量的数据处理进行研究。

随着 GPS 应用愈加广泛,各种 GPS 数据处理软件也随之出现。按应用领域来分,GPS 数据处理软件可以分为科研软件和商用软件两类。科研软件主要针对高校、科研机构和高精度的国家测绘机构等用户而研发,用于研究新理论、新方法等。如美国喷气推进实验室(JPL)的 GIPSY-OASIS、瑞士伯尔尼大学(AIUB)的 Bernese、美国麻省理工学院和美国斯克里普斯海洋地球研究所共同研制的 GAMIT-GLOBK 等。商用软件则是针对工程应用而研发的,如美国 Trimble 公司的 TGO/TBC、瑞士 Leica 公司的 LGO、我国中海达公司的 HGO 等。

6.1 GAMIT-GLOBK 处理模型研究

针对干渠控制网,本研究主要使用 GAMIT-GLOBK 软件对连续观测数据进行高精度的数据处理。该软件采用双差观测值解算,在利用精密星历的情况下,基线解的相对精度能够达到 10^{-9} 左右,是世界上最优秀的 GPS 软件之一。我国 A、B 级 GPS 网的基线解算都是采用该软件完成的[82-84]。

该软件主要有以下几个部分构成:ARC(轨道积分)模块、MODEL(组成观测方程)模块、SINCLN(单差自动修复周跳)模块、DBCLN(双差自动修复周跳)模块、CVIEW(人工交互式修复周跳)模块、SOLVE(最小二乘解算)模块、DFMRG(数据融合)模块、FXDRV(生成批处理文件)模块,以及 GLOBK(网平差)模块等。其数据解算的主要过程包括数据准备、模型搭建、基线处理、平差处理等[85-88]。

6.1.1 数据准备

(1)RINEX 数据规范化

GAMIT-GLOBK 软件采用标准的 RINEX 格式观测 O 文件以及导航 N 文件。因此,需要将不同接收机的数据转换为 RINEX 格式,才能引入 GAMIT-GLOBK 软件进行解算。标准的 RINEX 格式数据为:PPPPDDDDF. YY#;P 为 4 位点名,D 为年积日,F

为时段数，Y 为年。

（2）起算点精度分析

另外，观测数据选择的起算点将影响后续基线处理的精度。起算点精度对基线解算的最大影响可以用下式表示：

$$\delta s = 0.60 \times 10^{-4} \times D \times \delta X_1 \tag{6.1}$$

式中：δ_s——对基线的影响；

D——基线的长度；

δX_1——起算坐标的误差。

令起算坐标的误差为 20cm，如基线的长度为 100km，则起算坐标对其影响为 1.2mm。因此，选择高精度的稳定的起算数据，对大区域的施工控制网设置意义重大。

（3）精密星历的引入

精密星历是由若干卫星跟踪站的观测数据，经事后处理算得的供卫星精密定位等使用的卫星轨道信息。卫星轨道的精度是影响 GPS 基线解算精度的重要因素之一，其对基线的影响可以较为精确地用下式给出：

$$\frac{|\Delta r|}{10\,|r|} < \frac{|\Delta b|}{|b|} < \frac{|\Delta r|}{4\,|r|} \tag{6.2}$$

式中：$|\Delta r|$——卫星轨道的误差；

r——卫星至测站的位置矢量；

$|\Delta b|$——基线矢量的误差；

b——两站之间基线矢量。

由此可见，提高卫星轨道的精度是保证 GPS 相对定位精度的关键之一。采用 IGS 精密星历时，其轨道精度达到 0.05m。在这种情况下，若控制网中的边长为 100km，星历对基线解算在最不利的情况下影响也不超过 0.1mm。

6.1.2　模型搭建

（1）坐标框架的构建

在 GPS 精密相对定位数据处理中，定位的基准是由卫星星历和基准站坐标共同给出的。基线解算时要求地面基准站坐标的框架及历元与卫星星历的框架及历元保持一致。目前，影响最大、精度最高的坐标框架是 IERS（国际地球自转服务）建立的 ITRF（国际地球参考框架），现已发展的有 ITRF94、ITRF96、ITRF97、ITRF2000、ITRF2005、ITRF2008，以及新建设的 ITRF2013 等。ITRF 坐标框架是一个地心参考框架，由空间大地测量观测站的坐标和运动速度来定义，是国际地球自转服务的地面参考框架。由于章动、极移的影响，国际协定地极原点 CIO 变化，导致 ITRF 每年也都在变化，因此根据不同时段可以定义不同的

ITRF。

（2）参数表文件的获取

GAMIT-GLOBK 数据处理需要获取的参数表文件包括 svnav. dat（卫星天线类型表）、leap. sec（跳秒表）、soltab.（太阳星历表）、luntab.（月亮星历表）、pole.（极移表）、nutabl.（章动表）、ut1.（时长变化表）等。各种参数表可以通过 IGS 网站下载，也可以在 GAMIT-GLOBK 软件的相关网站中获取。

（3）测站文件的生成

测站文件包括测站概略坐标文件（lfile.）、测站信息文件（station. info），以及测站约束文件（sittbl.）。测站概略坐标文件存放测站先验坐标及精度，通常先验坐标误差应小于 10m，可由单点定位或导航解得到，也可以通过与 IGS 站点差分获得。测站信息文件包括测站名、时段起始与结束时间、天线高、接收机类型、天线类型等信息。相关测站的信息可在该测站的 O 文件中查找得到。如果没有和使用对应接收相同的型号，则需要更新 rcvant. dat 文件。而测站约束文件包含各测站使用的钟、大气模型及先验坐标约束等，一般将 IGS 站的坐标分量约束较小，未知点约束地相对较大。

6.1.3　基线处理

观测数据质量是保证基线解算精度和可靠性的关键之一。因此，用 GAMIT-GLOBK 软件处理时，正确修正观测数据中的周跳和删除大残差观测值的数据编辑是 GPS 数据处理中的主要工作之一。

周跳的探测和修复工作可以通过人工编辑或计算机自动修复来完成。人工数据编辑在 GAMIT-GLOBK 软件中用 SINCLN 模块自动完成之后，再用 CVIEW 模块删除有问题的观测值，并标记 SINCLN 模块中未发现的周跳，然后根据 CVIEW 模块中的辅助工具 SCANDD 给出的信息，进一步修正周跳、删除不必要的周跳标记和不好的观测值。计算机自动探测与修复周跳在软件中用 AUTCLN 模块来实现，从而组成法方程，得出最终的基线向量解。当 GPS 数据量很大时，人工修复周跳花费时间也很长，主要应用 AUTCLN 模块自动修复周跳，只有当残差太大时才使用 CVIEW 命令进行修复。

数据编辑工作完成后，生成干净的观测数据文件（X-文件），用于每时段基线解算。在完成以上工作的基础上，从干净的 X-文件开始进一步生成观测方程和解算基线，得出每个时段的解。解算结果中的均方根残差是从历元的模糊度解算得出的残差，也是衡量解算结果的指标之一。

6.1.4　平差处理

平差处理是使用 GAMIT-GLOBK 软件模块进行的，它是基于卡尔曼滤波理论进行的数据处理工具。卡尔曼滤波理论是一种对动态系统进行数据处理的有效方法,它利用观测向量来估计随时间不断变化的状态向量,其主要目的是综合处理多元测量数据。GAMIT-GLOBK 软件的应用主要有 3 个方面:

1)结合一个观测作业期内不同时段(如不同天)的初步处理结果,获取该观测作业期的测站坐标最佳估值。对 GPS 进行分析,轨道参数可作随机参数处理。

2)结合不同年份获取的测站坐标结果估计测站的速度。

3)将测站坐标作为随机参数,生成每个时段或每个观测作业期的坐标结果以评估观测质量。

基于上述应用需求,GLOBK 的输入数据一般是准观测量,如测站坐标、地球自转参数、卫星轨道,以及它们的方差—协方差阵。如本实验中,GLOBK 平差处理的主要输入是经GAMIT 处理后的 h-file 文件,其中包含了参加计算的 GPS 点的坐标、卫星轨道参数、极移参数的先验值、参数的先验约束、解向量,以及这些参数的协方差矩阵,为我们利用卡尔曼滤波合并单天解提供了有利的条件。整体平差是将 GAMIT 的单天基线解及其全协方差矩阵作为观测量,把 IGS 跟踪站在 ITRF 框架下观测顺时历元的站坐标作为固定约束基准,从而获得了测站在全球框架中的平差结果。

具体的数据处理可分为如下操作步骤:

①在工作路径下生成如下 3 个目录:glbf,用于存放 h-file 文件;soln,用来存放命令文件和结果文件等;tables,用以存放测站先验坐标文件等表文件和卫星参数文件等。

②将 ASCII 码格式的 h-file 转换成可被 GLOBK 读取的二进制的 h-file,然后运行glred/glorg 以获得测站坐标的时间序列。

③通过时间序列分析,确认具有异常域的特定站或特定历元。在 earthquake file 中,运用 rename 命令删除具有异常域的特定站的特定历元或直接删除对应的 h-file。

④运行 globk 模块,将单时段的 h-file 合并成一个 h-file,它代表在所选择的时间跨度里测站的平均坐标。

⑤使用合并后的 h-file,再次运行 glred/glorg 获得时间序列,进一步运行 globk/glorg则可获得测站速度,从而获取整体平差结果。

6.1.5　精度与可靠性分析

GAMIT-GLOBK 软件的解算精度与可靠性分析有如下 3 种方法:

(1)标准化均方根残差检核

从 GAMIT 生成的 O 文件中查看标准化均方根残差 NRMS(Normalized Root Mean Square),它表示了单时段解算出的基线值偏离其加权值的程度,是从历元的模糊度解算中得出的残差,是衡量 GAMIT 解算结果的一个重要指标。其计算公式如下:

$$NRMS = \sqrt{\frac{1}{N}\sum_{i=1}^{n}\frac{(C_i - \bar{C})^2}{\sigma_i^2}} \tag{6.3}$$

式中：n——单时段数；

C_i ——单时段解基线的各分量；

σ_i^2 ——相应分量的协方差；

$\bar{C}$ ——相应基线分量的加权平均值，即如下式：

$$\bar{C} = \frac{\sum_{i=1}^{n}\dfrac{C_i}{\sigma_i^2}}{\sum_{i=1}^{n}\dfrac{1}{\sigma_i^2}} \tag{6.4}$$

一般说来，NRMS 值越小，说明基线估算精度越高；反之，则精度较低。通常比较理想的值应小于 0.25，如果该值大于 0.5 就意味着处理过程中存在未除去的大的周跳，或某一参数的解算存在很大偏差，或解算模型设定有误。具体原因可以在 autcln. sum 文件中查找，也可以利用 CVIEW 模块进行更详细的分析处理。

（2）接收机时钟检查

即使 NRMS 值是合理的，仍需要查看 autcln. sum 文件，进一步确定观测站数据和卫星数据有无异常情况。其中，最重要的内容之一是对接收机时钟的稳定性统计情况。在正常测量环境下，如果埃伦标准方差 Allan SD(Allan Standard Deviation) 大于 50ppb，通常说明该接收机的时钟工作频率已经很不稳定，频漂偏大。

（3）基线重复性检核

各时段解向量的重复性反映了基线解的内部精度，是衡量基线解质量的一个重要指标。其定义为如下式所示：

$$WRMS = \left[\frac{\dfrac{n}{n-1}\sum_{i=1}^{n}\dfrac{(C_i - \bar{C})^2}{\sigma_i^2}}{\sum_{i=1}^{n}\dfrac{1}{\sigma_i^2}}\right]^{\frac{1}{2}} \tag{6.5}$$

用式（6.5）评价基线重复性精度的前提是基线本身不存在变形，因此不适合时间跨度太长（如数月）的基线精度统计。进一步地，整网的重复精度可用固定误差和比例误差两部分表示，即

$$\sigma = a + bl \tag{6.6}$$

式中：σ ——分量的重复性精度指标；

a ——分量的固定误差；

b ——相对误差；

l ——基线的长度，由分量的重复性进行固定误差与比例误差的直线拟合得到。

6.2　数据处理软件的比对研究

除了以 GAMIT-GLOBK 为代表的科研软件外,在工程项目中商用软件的应用更为频繁。例如,在滇中引水工程的建筑物施工控制网的数据处理中就会对引入商用 GPS 数据处理软件的使用。由于各商用软件采用的数字模型有所区别,因而处理结果也有所差异。在工程应用中,选择合适的软件,使之既方便快捷又能满足规范要求,甚至提高精度指标,是往往需要研究的问题[89-94]。因此,本书进一步引入了各种 GPS 数据处理软件的工程应用研究,对 TGO、TBC、LGO、HDS2003、HGO、CosaGPS、PowrADJ,以及高精度控制测量数据处理软件等进行数据解算的比对与优化分析。

6.2.1　数据处理软件介绍

TGO 与 TBC 是美国天宝公司开发的,纯 Windows 界面的 GPS 数据处理软件。它具有基线处理、网平差、测量数据上下载、生成 DTM 模型、生成等高线、GIS 数据采集和传输、生成项目报告、测量项目的管理和维护等功能。软件可直接读取天宝 GPS 仪器的原始数据与标准格式数据,并可输出 .asc 格式的基线文件。

LGO 是为瑞士徕卡公司 GPS 接收机配备的后处理软件,其主要功能有 GPS 基线处理、网平差、TPS 数据处理、水准数据处理。它可以直接读取徕卡 GPS 仪器的原始数据与标准格式数据,并也可输出 .asc 格式的基线文件。

HDS2003 与 HGO 是中海达公司研制的 GPS 随机软件,也具有 GPS 基线处理、网平差等基本功能。另外,它们可以支持读取中海达、天宝、徕卡等多种仪器的原始数据,生成的技术报告也更符合国内规范。

CosaGPS(科傻 GPS)是由武汉大学研发的 GPS 平差软件,软件具有在 WGS-84 坐标系统下进行三维向量网平差、在椭球面上进行卫星网与地面网三维平差、在高斯平面坐标系进行二维联合平差、针对工程独立网的固定一点一方向的平差、高程拟合等功能,并带有常用的工程测量计算工具,可以实现各种坐标转换。该软件可以读取天宝 TGO/TBC、徕卡 LGO、拓扑康 Pinnacle、GAMIT、中海达 GPS 等软件输出的基线向量文件。

PowerADJ 软件也是由武汉大学研发的 GPS 平差软件,是用于 GPS 基线向量网,地面网平差的一个集成的软件包。软件具有三维向量网平差、二维联合平差、高程拟合以及坐标转换等功能。PowerADJ 软件可导入 TGO、LGO 等常用软件输出的基线。

高精度控制测量数据处理软件是由长江空间信息技术工程有限公司(武汉)开发的综合性的平差软件。该软件可以将 GPS 观测量与地面观测量等不同类型的平面控制网成果进行混合平差,也适用于单独的 GPS 网平差处理,并可以将高程网进行独立处理,获取的平差结果精度高。软件可读取天宝与徕卡软件输出的基线文件，适用于小范围测区的工程平面网及变形监测网观测数据的平差处理。

6.2.2　基线解算研究

本实验选用了滇中引水工程总干渠 C、D 级 GPS 网数据进行了基线解算分析。GPS 数据由 Trimble 5700 与中海达 V8 双频 GPS 接收机观测获取，并统一转换为 Rinex 格式。将数据引入上述各 GPS 软件中进行解算。为了尽可能地使各软件的解算结果具有可比性，统一将各软件的截止高度角均设为 15°，采样间隔设为 15s，其他基本参数也保持一致。但由于各软件的设置有所不同，某些选项上也有所差异。因此，在进行正式的解算前，先对上述有基线解算功能的 LGO、TGO、TBC、HDS2003 及 HGO 这 5 款软件执行了较为系统的基线解算功能分析。

6.2.2.1　基线解算功能分析

（1）频率类型

在频率类型上，LGO 默认的设置是"自动"，此时软件会自动为最终的解算选择最好的频率或者频率组合；当基线较短时，软件将处理"L1＋L2"，而且必须是固定解；当基线长度较长时，使用"L3"（消除电离层）解算，根据情况可以有 L3 浮点解和 L3 固定解；当然使用者也可以锁定"L1"或"L2"的单频处理方式。TGO 的频率类型则仅有"L1"、"L2"、"窄通道"（L1＋L2）、"宽通道"（L1－L2）4 个选项。新的 TBC 软件则进一步简化为"L1"、"双频"与"多频"3 个选项，其中双频选项强制处理器只使用 L1 和 L2 的数据，而多频选项允许处理器使用所有可用频率。中海达旧版的 HDS2003 软件详细地设置了 9 种频率组合方案，除了包括上述各种选项外，消除电离层具有"Ionosphere-Free-1"与"Ionosphere-Free-2"两种，此外还有"Geometry-Free"的相关选项；而新版的 HGO 软件则把 HDS2003 中的后 3 种特别选项给去除了，只保留前 6 个选项。

本实验在频率类型选择上，对 LGO、HDS2003 与 HGO 软件设为"自动"，对 TGO 软件设为"窄通道"（L1＋L2），对 TBC 软件选择"双频"模式。这种设置方式使各软件在处理短基线与中长基线时都是相近的双频模式，并执行后续的电离层模型选项，而在处理长基线时多数会消除电离层。

（2）电离层模型

在设置电离层模型方面，LGO 有"自动"、"计算的模型"、"Klobuchar"、"标准"、"全球/局域模型"与"无模型"6 个选项。TGO 是"模糊度解算通过"与"最后通过"两个基线长度设置项。HDS2003 则仅有"自动"与"不改正"2 个选项。而新的 TBC 与 HGO 软件都未设置该选项。

一般而言，当设置成"自动"模式时，软件会根据持续的时间自动指定模型，如果参考站观测时间超过 45 分钟,电离层模型就可以被计算出来,软件自动使用"计算的模型";当观测时间少于 45 分钟时将采用"无模型"或"不改正"方式。由于本实验使用的数据观测时间都超过了 1 小时,因此 LGO 与 HDS2003 软件设置上都选用"自动"模式,TGO 软件使用默认的数据填写,而 TBC 与 HGO 软件未给用户选择权利,在软件内部运行自动选择机制。

（3）对流层模型

对流层模型设置方面,LGO 包括"无对流层"、"Hopfield"（霍普菲尔德）、"简化的 Hopfield"、"Essen 和 Froome"、"Saastamoinen",以及"计算模型"6 个选项。TGO 有"无"、"Hopfield"、"Goad-Goodman"、"Saastamoinen"、"黑"、"Neil"6 个模型选项。HGO 软件设置了"Hopfield"和"Saastamoinen"2 个模型选项,HDS2003 则多 1 个"不改正"选项,而 TBC 仍未设置相应选项。

在一般性的工程数据解算时,使用不同的对流层模型所得到的结果相差很小,在特定区域可采用当地所使用的模型。在本实验中,除了 TBC,其他软件都选择了默认的"Hopfield"模型。

（4）基线处理速度

本研究也通过大量的基线样本解算统计,对各软件的基线处理速度有大致的等级划分。其中,LGO 软件处理速度最快,TBC 软件与 HGO 软件速度居中,而 TGO 软件与 HDS2003 软件的基线处理速度较慢,特别是在数据量大、基线多的情况下 HDS2003 软件处理可能失败。

（5）人工编辑功能

基线处理完毕后,判断基线解算结果的质量主要有 3 个参数:整周模糊度方差的比值（Ratio）、参考方差、中误差（RMS）。其中,当 Ratio 值不小于 1.5 时,认为基线有双差固定解（Fixed）,否则为浮动解（Float）。参考方差应为 1 左右。RMS 值越小越好。如果基线参数不达标,则需要进行人工编辑,实现基线精处理,提高基线质量。

在人工编辑方式上,软件设置可以分为两类。一是以 LGO 软件与 TGO 软件为代表的"点位方式"。当基线质量较差时,先要打开基线残差图,删选数据质量不佳的卫星或时段,然后回到软件的点列表上,针对筛选出的卫星或时段进行剔除。但一条基线涉及两个相关点,具体针对哪个 GPS 点位进行卫星或时段修改则需要根据多条基线的质量分析而总结得出,并且当前点位的调节还会影响与此点相关的其他基线的质量。二是 TBC 软件与 HDS2003/HGO 软件使用的"基线方式",该方式只要打开相应基线的时段编辑器,就能剔除有问题的卫星或时段,并且当前基线的调节不影响其他基线。相比而言,"基线方式"更方便易用。各软件的功能比较如表 6.2-1 所示。

表 6.2-1　　　　　　　　　　　　　　GPS 商用软件的功能比较

软件名称	LGO	TGO	TBC	HDS2003	HGO
频率类型	5 选项	4 选项	3 选项	9 选项	6 选项
电离层模型	6 选项	2 选项	无选项	2 选项	无选项
对流层模型	6 选项	6 选项	无选项	3 选项	2 选项
基线处理速度	快	慢	中	慢	中
人工编辑方式	点位方式	点位方式	基线方式	基线方式	基线方式

6.2.2.2　基线解算结果分析

为了全面地分析基线解算结果,本实验分 3 组选取了 21 条样本基线:长度小于 5km 的短基线 7 条,长度在 5~30km 的中长基线 7 条,以及长度在 30km 以上的长基线 7 条。分别在各软件中较精细地解算基线,获取基线长度与相应的 RMS 值。此外,本研究也引入了 6.1 节介绍的 GAMIT 软件模块,并将它的基线解算结果作为各软件解算结果的比较标准。如表 6.2-2 至表 6.2-4 所示,分别是各软件解算的短基线、中长基线与长基线的长度与 RMS 值。

表 6.2-2　　　　　　　　　　　　5km 以内短基线解算长度与 RMS 值

基线　　＼　　软件		GAMIT	LGO	TGO	TBC	HDS2003	HGO
L_1:	长度(m)	522.578	522.578	522.578	522.579	522.575	522.582
D293-D294	RMS(mm)	6		6	2	5	6
L_2:	长度(m)	691.377	691.379	691.378	691.378	691.377	691.378
D295-D296	RMS(mm)	8		5	0	6	5
L_3:	长度(m)	1119.230	1119.227	1119.225	1119.228	1119.224	1119.225
D297-D298	RMS(mm)	8		5	1	8	7
L_4:	长度(m)	3961.596	3961.597	3961.592	3961.595	3961.587	3961.594
D296-D298	RMS(mm)	10		9	1	9	10
L_5:	长度(m)	4233.280	4233.282	4233.277	4233.280	4233.271	4233.279
D295-D298	RMS(mm)	10		10	2	10	11
L_6:	长度(m)	4309.720	4309.726	4309.715	4309.724	4309.710	4309.716
D294-D295	RMS(mm)	9		9	2	11	11
L_7:	长度(m)	4332.653	4332.658	4332.651	4332.656	4332.644	4332.661
D294-D296	RMS(mm)	10		9	1	13	7

表 6.2-3 　　　　　　　　　　　5～30km 中长基线解算长度与 RMS 值

基线 \ 软件		GAMIT	LGO	TGO	TBC	HDS2003	HGO
L_8 : D294-D298	长度(m)	8247.891	8247.902	8247.882	8247.898	8247.872	8247.887
	RMS(mm)	11		16	3	15	17
L_9 : D294-D297	长度(m)	8294.480	8294.479	8294.476	8294.478	8294.456	8294.479
	RMS(mm)	10		15	4	14	11
L_{10} : Z284-Z2	长度(m)	11818.784	11818.839/ 11818.792	11818.786	11818.791	11818.788	11818.780
	RMS(mm)	8		15	2	17	11
L_{11} : D324-D318	长度(m)	15249.595	15249.608	15249.607	15249.590	15249.602	15249.593
	RMS(mm)	8		16	3	14	14
L_{12} : D305-Z2	长度(m)	15379.069	15379.077	15379.084	15379.074	15379.056	15379.073
	RMS(mm)	11		18	1	24	17
L_{13} : D311-D318	长度(m)	17565.151	17565.163	17565.143	17565.154	17565.149	17565.149
	RMS(mm)	9		14	2	16	17
L_{14} : Z284-D305	长度(m)	27042.964	27042.978	27042.971	27042.967	27042.973	27042.957
	RMS(mm)	10		11	1	13	13

表 6.2-4 　　　　　　　　　　　30km 以上长基线解算长度与 RMS 值

基线 \ 软件		GAMIT	LGO	TGO	TBC	HDS2003	HGO
L_{15} : D305-D318	长度(m)	31813.333	31813.336	31813.352	31813.328	31813.323	31813.323
	RMS(mm)	12		14	1	13	14
L_{16} : D311-D324	长度(m)	32669.833	32669.858	32669.820	32669.828	32669.855	32669.827
	RMS(mm)	9		19	3	15	13
L_{17} : D311-Z284	长度(m)	41965.488	41965.512	41965.520	41965.483	41965.498	41965.477
	RMS(mm)	10		15	3	15	22
L_{18} : D305-D324	长度(m)	46306.313	46306.339	46306.343	46306.302	46306.334	46306.303
	RMS(mm)	12		12	3	11	11
L_{19} : D318-Z2	长度(m)	46940.216	46940.239	46940.237	46940.205	46940.207	46940.202
	RMS(mm)	12		25	1	17	18
L_{20} : D318-Z284	长度(m)	58738.086	58738.117	58738.113	58738.056	58738.106	58738.069
	RMS(mm)	12		15	3	15	15
L_{21} : D324-Z284	长度(m)	72815.505	72815.543	72815.540	72815.471	72815.530	72815.485
	RMS(mm)	13		11	6	12	15

在表 6.2-3 中，LGO 解算 Z284-Z2 基线给出了两个长度结果。这是由于 LGO 的频率类型选为"自动"时，会在解算 15km 以内的基线时使用"L_1+L_2"频率，解算大于 15km 的基线时转换为"L_3-消除电离层"频率，并且 15km 的阈值不能更改。而在其他软件中，这一阈值却普遍设置得较小，如 TGO 的默认阈值仅为 5km，但可以修改；TBC 的阈值与 TGO 的相近，并且不能修改；HDS2003 与 HGO 的阈值约为 10km，也不能修改。因此，在处理 11.818km 长的 Z284-Z2 基线时，除 LGO 外，其他软件都使用了"消除电离层"的频率类型，从而导致了当 LGO 频率设为"自动"时，处理该基线得到的长度值为 11818.839m，与其他软件的长度较差达到约 50mm。为了使实验结果的可比性更强，本实验将 LGO 的频率类型锁定为"L_3-消除电离层"，然后单独处理 Z284-Z2 基线，得到新的基线长度为 11818.792m，与其他软件的结果较差在合理范围内，这也验证了上述的分析结果。

图 6.2-1 是各软件的基线 RMS 值。其中，各基线由短到长分别从 L_1 编号至 L_{21}。由图 6.2-1 中可以看到，RMS 值总体是随着基线长度的增加而增大。其中，LGO 软件未给出基线的 RMS 参数值；TBC 软件的 RMS 值的计算标准与其他软件有差别，不能横向对比；另外四款软件的 RMS 值变化规律较为接近。总体上，各软件在解算 $L_1 \sim L_7$ 这几条 5km 以内的短基线时 RMS 值都控制在 10mm 以内，在解算长基线时最大 RMS 值也在 25mm 以内。

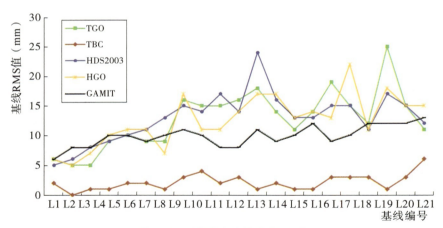

图 6.2-1 各软件的基线 RMS 值

为了更有效地分析各软件的基线长度解算精度，本实验将模型精度最高的 GAMIT 软件的结果作为标准值，分别与各商用软件的基线长度结果求差值，并用图 6.2-2 表示。

由图 6.2-2 可知，除 HDS2003 在解算约 8km 长的 L_8 与 L_9 基线时有差值较大的跳变以外，其余各软件的较差值变化相对稳定，总体也是随着基线长度的增加较差值增大。本研究进一步地绘制了较差变化趋势图，如图 6.2-3 所示。

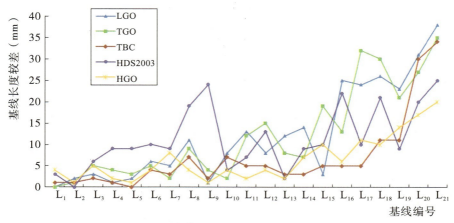

图 6.2-2　各软件与 GAMIT 基线长度较差

从图 6.2-3 中可以更清晰地看到，除 HDS2003 以外，各软件在解算不超过 15km 的基线时，与 GAMIT 的长度较差都能控制在 10mm 以内；解算不超过 30km 的基线时，较差能控制在 20mm 以内。解算超过 30km 的长基线时，LGO、TGO 软件的较差控制能力开始减弱，差值会随着基线长度增加而持续增大。解算超过 50km 的长基线时，TBC、HDS2003、HGO 软件的较差值也开始明显攀升。结合前述的软件功能，TBC、HDS2003、HGO 软件是使用"基线方式"进行基线的精处理，基线调节能力较强；而 TGO、LGO 软件是使用"点位方式"，基线精处理的能力较弱。上述区别导致了各软件在处理长基线时的效果差异。但 HDS2003 软件在解算中长基线时会出现基线长度值不稳定的情况，该问题在新的 HGO 软件中得到了解决。

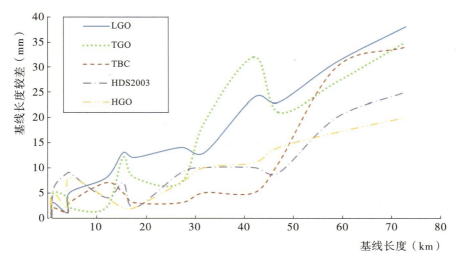

图 6.2-3　各软件与 GAMIT 基线长度较差变化趋势图

分析上述结果，可得到如下结论：

1）商业软件在解算 5km 以内的短基线时有很高的精度，RMS 值都能控制在 10mm 以内，并且各软件的基线长度较差很小。因此，在解算短基线时可任选商业软件。

2）在解算 5～30km 的中长基线时，各软件的 RMS 值会逐渐增大，但基线结果比较稳定，相对误差较小。需要注意 HDS2003 软件在解算 5～10km 的基线时可能出现误差。LGO 软件在解算 10～15km 的基线时，要谨慎选择"是否消除电离层"。

3）在解算 30km 以上的长基线时，若工程的精度要求较高，应使用 GAMIT-GLOBK 软件进行基线解算；若要使用商用软件，则可优先选择 TBC 或 HGO 软件解算长基线。

6.2.3 坐标平差研究

上述的几款基线处理软件也都具有网平差功能，因此，本实验进一步地在各软件中对解算后的一部分基线进行了平差处理。网平差情况如图 6.2-4 所示，网图共由 6 个站点、13 条基线构成。

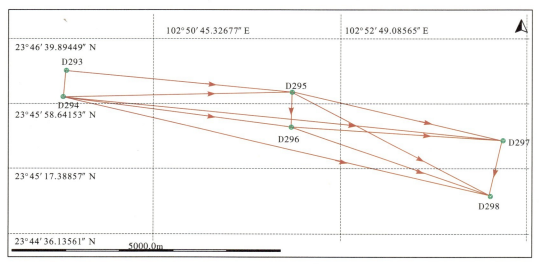

图 6.2-4　网平差示意图

6.2.3.1 平差软件功能分析

（1）闭合差功能分析

基线处理结束后，网平差处理前通常需要检验闭合环情况，从而确定是否需要调节基线结果。LGO 软件的闭合环报告是用内置的 W-检验方式来确定闭合差是否超限，会统计闭合环的检验成功与失败的个数，但不区分同步环与异步环。总体上，与国内的相关规范要求不符。

TGO 与 TBC 的闭合环检验方式基本类似。它们支持用户自己选择环的检验标准，包括水平/竖向的限差，$X/Y/Z$ 分量限差，以及比率 PPM 的限差设置，但是与国内的规范要求都不吻合。在闭合差报告方面，TGO/TBC 的显示也更为人性化，不仅统计了合格环与不合格环的数目，还单独罗列了"不合格环"、"未通过环中的矢量观测"，以及"未通过环中占用的点"，方便用户筛选有问题的基线与站点。

相比而言，国内的软件 HDS2003、HGO、COSA、PowerADJ 等与国内的规范更为吻合，可以按要求分别输出同步环、异步环，以及重复基线报告。

（2）平差功能分析

在网平差方面，LGO 软件是使用内置的 F 检验方式判断平差质量，要求其中的 F 检验与 F 检验临界值越接近越好。如若提示超限，需要重新返回处理基线。另外，LGO 默认支持的是 WGS84 坐标系统上的三维平差方式，如果想要获取其他坐标系统的坐标成果，或者进一步获取二维平差结果，则需要使用 LGO 软件的坐标设置工具进行切换，再重新返回工程进行平差。

TGO/TBC 软件是使用 95％ 的置信界限来检验网平差精度，并设有平差迭代的上限。如果提示"平差失败"或"检测失败"，也需要返回基线处理阶段。天宝的这两款软件默认在 WGS84 坐标系统上进行三维平差，同时支持在地方坐标系的平差，也支持网格坐标上的二维平差。此外，天宝软件在平差报告中能显示点的分量误差与基线的相对误差结果。虽然在向量残差评定标准上与国内规范不相符，但已比 LGO 软件接近。其中，TGO 在报告中能以柱状图方式显示基线向量的残差情况，如图 6.2-5 所示，相应功能在 TBC 中被简化。

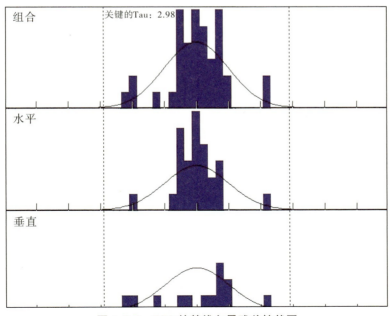

图 6.2-5　TGO 的基线向量残差柱状图

国内的 HDS2003、HGO、COSA、PowerADJ，以及高精度控制测量数据处理软件都能较全面地按国内规范标准在平差过程中评定点位精度、基线残差,以及基线的相对误差结果,更符合在国内的测量工程中使用。其中,后三种平差软件还支持一点一方位的工程坐标系平差方式。另外,高精度控制测量数据处理软件可以综合 GPS 观测量与地面观测量进行混合平差,并且软件可对各观测量设置权重,功能特点突出。

6.2.3.2　坐标平差结果分析

为了使各软件的三维平差结果有可比性,本实验固定了 D294 与 D297 两个站点的 BLH 坐标,然后分别在 WGS84 坐标系统下进行平差处理,结果如表 6.2-5 所示,其中,各点的经纬度坐标只取秒位。通过比较可以看到,各点的平面坐标差值基本控制在 0.00015″ 以内,约为 4.5mm;只有个别点的分量差值达到了 0.00036″,约为 10mm;而高程差值则能达到29mm。高程坐标的精度相对较低,是由 GPS 定位原理造成的。而平面坐标的差值,在前面的基线长度较差分析中已经有所反映。本实验的 GPS 网使用的 13 条基线都属于 12km 以内的短基线与中长基线,不同软件解算的基线长度较差就能达到 10mm,与平面坐标误差级别基本相当。由此可知,平差结果的差异比基线解算结果的差异更小。当各软件进入平差阶段时,如果不能保证基线解完全相同,就无法准确评估平差结果的较差。

表 6.2-5　三维平差结果比较

点坐标		LGO	TGO	TBC	HDS2003/HGO	最大差值
D293	纬度(″)	19.87959	19.87954	19.87958	19.87949	0.00010
	经度(″)	46.93227	46.93233	46.93231	46.93241	0.00014
	高程尾数(m)	0.313	0.288	0.291	0.310	0.025
D295	纬度(″)	06.41497	06.41495	06.41499	06.41486	0.00013
	经度(″)	17.10033	17.10033	17.10028	17.10017	0.00016
	高程尾数(m)	0.924	0.897	0.911	0.918	0.027
D296	纬度(″)	43.96481	43.96479	43.96484	43.96481	0.00005
	经度(″)	16.53167	16.53171	16.53165	16.53169	0.00006
	高程尾数(m)	0.909	0.880	0.891	0.901	0.029
D298	纬度(″)	00.08632	00.08633	00.08632	00.08646	0.00014
	经度(″)	27.99826	27.99828	27.99825	27.99792	0.00036
	高程尾数(m)	0.581	0.569	0.569	0.576	0.012

因此,本实验进一步引入了 COSA、PowerADJ 与高精度控制测量数据处理这几款独立的平差软件进行二维平差研究。在本阶段,仅使用 TBC 软件处理输出的基线,从而避免基线处理误差带来的影响,再固定 D294 与 D297 的平面坐标,进行整网平差,结果如表 6.2-6 所示。通过比较可以得出,TBC 与各平差软件的二维约束平差结果极为接近,最大坐标差仅 2mm。

表 6. 2-6　　　　　　　　　　　　　　　　二维平差结果比较

点坐标		TBC	COSA	PowerADJ	高精度控制测量 数据处理软件	最大差值
D293	X 尾数（m）	0.231	0.231	0.231	0.231	0
	Y 尾数（m）	0.386	0.386	0.386	0.386	0
	点误差（m）	0.014	0.008	0.006	0.007	
D295	X 尾数（m）	0.414	0.414	0.414	0.414	0
	Y 尾数（m）	0.027	0.027	0.028	0.027	0.001
	点误差（m）	0.014	0.010	0.017	0.009	
D296	X 尾数（m）	0.108	0.108	0.109	0.108	0.001
	Y 尾数（m）	0.250	0.249	0.250	0.249	0.001
	点误差（m）	0.022	0.011	0.018	0.012	
D298	X 尾数（m）	0.445	0.447	0.447	0.446	0.002
	Y 尾数（m）	0.765	0.765	0.765	0.765	0
	点误差（m）	0.022	0.012	0.010	0.014	

综合上述分析，不同软件的 GPS 数据处理误差主要是由基线处理的差异而带来的，平差阶段的误差相对较小。因此，选择合适的基线处理软件与模型参数对测量工程尤为重要。

6.3　数据处理软件的工程适用性分析

综合上述章节对多种数据处理软件的系统研究与对比，本节将以滇中引水工程为主要依托，进行数据处理软件的适用性分析。

6.3.1　基线处理软件的选用

上述引入研究的 GAMIT、LGO、TGO、TBC、HDS2003、HGO 等多款 GPS 基线处理软件的具体选用与工程的测量等级、仪器类型、成果需求等因素有关[95-100]。

6.3.1.1　工程测量等级

在国家 GPS 测量规范中，要求 A、B 级 GPS 网基线数据处理应采用高精度数据处理专用的软件（如 GAMIT 软件），C、D、E 级 GPS 网基线解算可采用随接收机配备的商用软件。本研究 3.2 节通过分析建议滇中引水工程采用 C 级 GPS 网为首级平面控制网，平均边长为 10～15km，并使用 D 级 GPS 网进行平面控制加密，平均边长为 500～1000m。因此，滇中引水工程的首级平面控制网与加密平面控制网采用上述任一种 GPS 数据处理软件均符合规范要求。

进一步考虑控制网边长。对于首级平面控制网,10~15km 的基线解算方面,HDS2003 软件可能会带来误差,LGO 软件涉及电离层改正的非常规设置。因此,不建议使用这两款软件。再考虑到 TGO 软件的使用受限,本研究推荐使用 TBC 或 HGO 软件作为滇中引水工程首级平面控制网基线解算软件。此外,工程可考虑使用 GAMIT 软件进行长基线解算的检核工具。

加密平面控制网的平均边长仅 500~1000m,这个长度范围的基线使用上述涉及的任何一种 GPS 基线处理软件均能保证毫米级的精度。在具体选用软件时,建议与首级平面控制网使用的软件一致。

6.3.1.2 仪器类型

各类主要的 GPS 测量仪器均带有随机的数据处理软件,比如徕卡公司的 LGO,天宝公司的 TBC、TGO,中海达公司的 HDS2003、HGO 软件等。本研究建议优先选用与工程所使用仪器相对应的随机软件,主要原因为:

1)各仪器自带的随机软件可直接读取仪器测量的原始数据,无须进行标准格式的转换。若要跨厂商使用软件,进行数据转换时则有多方面的限制需要注意。比如,使用 TBC 软件解算徕卡 GPS 测量的基线数据时,首先需要使用 LGO 软件将徕卡原始数据转换成 Rinex 数据格式,导入 TBC 软件,但 TBC 软件不识别 LGO 记录的星历文件。因此,需要在 IGS 网站下载公用的广播星历或精密星历文件引入解算。

2)各仪器自带的随机软件记录了相应的 GPS 接收天线精确的参数信息。例如,徕卡公司的 GS15 接收机采用了内置天线,该天线在 LGO 软件中不仅分别有 L_1、L_2 频率的垂直偏差改正数,并且还带有与高度角对应的附加改正值,这些参数在 Rinex 格式的数据转换中是无法附带的;若跨厂商的软件没有记录该天线的详细参数,则无法保证高精度的 GPS 测量结果。

若在工程测量中混合使用了多个厂商的多种类型 GPS 的接收机,建议选用主要仪器对应的接收机软件。所有数据均须转换成标准的 Rinex 格式数据再导入软件中进行基线解算。例如,滇中引水工程前期勘测的 GPS 数据由 Trimble 5700 与中海达 V8 双频 GPS 接收机共同观测获取。数据处理时,选用了 Trimble 5700 对应的随机软件 TBC 为主要处理软件,所有数据均进行了标准格式转换。

6.3.1.3 成果需求

按国家 GPS 测量规范要求,GPS 基线解算过程完成后,需提交合格的同步环报告、异步环报告、重复基线报告。但国外的 GPS 处理软件,如 LGO、TGO、TBC 等均没有相对应的完善报告功能,特别是没有区分同步环与异步环,而只进行统一的闭合环分析。

因此,选用上述这几款国外的 GPS 基线处理软件时,必须对应使用国内的平差处理软件,如 COSA 软件,补充输出相应的符合规范要求的基线处理阶段报告。相比之下,我国的中海达公司生产的 HDS2003 与 HGO 软件内置了各种规范要求的报告模板,易于生成满足规范的成果文档。基于成果需求考虑,在国外与国内的基线处理软件均能使用的情况下,建议优先考虑使用国产的 GPS 基线处理软件。

6.3.2 平差软件的选用

上述涉及的 LGO、TGO、TBC、HDS2003、HGO、COSA、PowerADJ、高精度控制测量数据处理软件等都具有网平差功能,具体的选用则需要结合工程网特点与观测量类型来确定。

6.3.2.1 工程网特点

工程网特点包括已知观测数据情况、坐标系设置要求与椭球变换需求等几个方面。

(1)已知观测数据情况

已知观测数据若是多个固定坐标,则采用三维无约束平差与二维约束平差的流程方法,最少输入两个已知点的平面坐标信息,即可完成平差工作。上述的所有软件均能完成该工作流程。

但如果已知观测数据是一个固定坐标和一个固定方位,即要采用"一点一方位"的工程网平差方案,则只能选用 HDS2003、COSA、PowerADJ、高精度控制测量数据处理软件,其他软件则不具备相应功能。

(2)坐标系设置要求与椭球变换需求

LGO、TGO、TBC、HDS2003、HGO 等软件均只支持对特定坐标系的转换与平差,而没有给用户权限进行自主的椭球设置与转换。相对应的是,专用的平差软件 COSA、PowerADJ 与高精度控制测量数据处理软件给用户的自由度更高,能满足用户多方面的工程平差需求。例如,COSA 软件提供了工程椭球的用户自定义权限,并提供了 3 种椭球膨胀方法供用户选用。高精度控制测量数据处理软件则提供了抵偿投影面的数值填写项,能将测距边归算到特定高程面上,再辅以椭球转换工具也能完成椭球变换的应用需求。

6.3.2.2 观测量类型

对于纯粹的 GPS 观测量,使用上述的任一种平差处理软件均能完成控制网平差功能。但在工程实践中,存在地面观测量与 GPS 观测量同时观测平差的情况。例如,4.2 节隧洞贯通误差分析时,就是将洞外 GPS 网看作是观测了边长和方向的平面网,以这个平面网为基准,再来分析其对隧洞贯通误差的影响,实际测算时就涉及了 GPS 观测量与地面观测量的混合平差。

在上述平差软件中,只有长江空间信息技术工程有限公司(武汉)的高精度控制测量数据处理软件具有混合平差功能。它能同时输入 GPS 观测量与边角测量等地面观测量,并统一设权值,进行整网平差。因此,涉及多观测量的平差时,建议选用高精度控制测量数据处理软件。

第7章　施工控制网的总体设计

7.1　施工控制网的设计原则

1）滇中引水工程施工控制网应满足现行规程规范和工程建设的要求。

2）滇中引水工程施工控制网采取全面控制、统一设计、整体实施的原则，按精度、可靠性、经济性等目标优选最佳布网方案。

3）平面施工控制网点尽可能利用高程施工控制网点，平高结合，方便使用。

4）所布设的施工控制网点应方便施工单位进行加密控制点的布设。建立的平面施工控制网点采用成对布点的方式，且保持对点间相互通视，满足加密控制网（点）布设的需要和精度要求。

5）使用先进的仪器设备和先进的技术手段进行施工控制网的实施。

7.2　已有资料的分析及利用

7.2.1　已有控制资料情况及利用

（1）已有国家基本平面控制资料情况（表 7.2-1）

表 7.2-1　　　　　　　　　　已有国家基本平面控制资料情况

序号	等级	点名	施测时间	备注
1	I	国家三角点	1970 年以前	1954 北京坐标系，3°分带，高斯正形投影；CGCS2000 坐标成果。1956 年黄海高程系
2	II	国家三角点	1970 年以前	

云南省境内滇中引水工程总干渠线路邻近有国家一、二等三角点，可选择成果兼容性较好的作为一等平面控制网的约束平差联测点。

（2）已有国家基本高程控制资料情况（表7.2-2）

表 7.2-2　　　　　　　　　　已有国家基本高程控制资料情况

序号	等级	线名	施测时间	施测单位	备注
1	Ⅰ	234线[中甸—白汉场（石鼓）—剑川—洱源—下关]	2010年前	国家测绘局	1985 国家高程基准
2	Ⅰ	221线[下关—清华洞—南华]	2010年前	国家测绘局	
3	Ⅰ	222线[南华—楚雄—安丰营—昆明]	2010年前	国家测绘局	
4	Ⅰ	217线[昆明—开远]	2010年前	国家测绘局	
5	Ⅱ	二等水准路线	2010年前	国家测绘局	
6		测区高程异常图		国家测绘局	1∶100万

工程区域附近国家一等水准路线沿输水总干渠走向平行或交叉；可用于首级高程施工控制网点的测量起算数据。沿滇中引水工程输水总干渠线路亦有少量二等水准路线；亦可用于输水工程建筑物三等高程施工控制网点的测量起算数据；测区高程异常图用于二等水准观测高差的重力异常改正。

（3）已有项目建议书阶段基本控制资料情况（表7.2-3）

表 7.2-3　　　　　　　　　　已有项目建议书阶段基本控制资料情况

序号	等级	线名	施测时间	施测单位	备注
1	C	滇中引水工程输水总干渠（奔子栏—蒙自）C级GPS网点	2010年	长江勘测规划设计研究院	(1)1954北京坐标系（统一3°分带、高斯正形投影）；(2)滇中引水工程（1900m和1500m）坐标系统；(3)1985国家高程基准
2	D	滇中引水工程输水总干渠（奔子栏—蒙自）D级GPS网点	2010年		
3	四	滇中引水工程输水总干渠（奔子栏—蒙自）四等高程网点	2010年		

为了满足滇中引水工程前期工作的需要，2010年沿滇中引水工程输水总干渠（奔子栏—蒙自）布测有C级GPS网点、D级GPS网点和四等高程网点，这些成果可作为本项目的参考资料和联测检核。

7.2.2　已有地形图资料情况及利用

已有地形图资料情况如表7.2-4所示。

表 7.2-4　　　　　　　　　　　　　　已有地形图资料情况

序号	名称	比例尺	施测时间	施测单位	备注
1	地形图	1：50000	1990 年前	中国人民解放军总参谋部测绘导航局	1954 北京坐标系,6° 分带,高斯正形投影,基本等高距 20m;1956 年黄海高程系
2	地形图	1：10000	2000 年前	云南省测绘局,长江水利委员会	1954 北京坐标系,3° 分带,高斯正形投影,基本等高距 5m;1956 年黄海高程系
3	地形图	1：2000	2010—2015 年	长江勘测规划设计研究院,中电建昆明勘测设计研究院,云南省水利水电勘测设计研究院	1954 北京坐标系,3° 分带,高斯正形投影,基本等高距 2m;1985 国家高程基准
4	地形图	1：500	2010—2015 年	中电建昆明勘测设计研究院	1954 北京坐标系,3° 分带,高斯正形投影,基本等高距 1m;1985 国家高程基准

　　1：50000、1：10000 比例尺地形图可以用于施工控制网点布置的初步设计工作。1：2000 比例尺数字地形图可作为各施工控制网点详细设计及外业查勘选点的工作用图。

7.2.3　已有航空航天影像资料及利用

　　已有航空航天影像资料情况如表 7.2-5 所示,均可作为各施工控制网点详细设计及外业查勘选点的工作用图。

表 7.2-5　　　　　　　　　　　　已有航空航天影像资料情况

序号	名称	分辨率	航摄时间	航摄单位	备注
1	航空影像	20cm	2010—2011 年	长江勘测规划设计研究院,中电建昆明勘测设计研究院,云南省水利水电勘测设计研究院	数码航空影像
2	航天影像	50cm	2013 年	长江勘测规划设计研究院,云南省水利水电勘测设计研究院	数码卫星影像
3	航空影像	1：15000	2000 年前	长江勘测规划设计研究院	航片

7.2.4　已有设计报告图纸资料及利用

已有设计报告图纸资料情况如表 7.2-6 所示,均可作为各施工控制网点详细设计的依据和参考。

表 7.2-6　　　　　　　　　　已有设计报告图纸资料情况

序号	名称	设计时间	成果提供单位
1	项目建议书		长江勘测规划设计研究院, 中电建昆明勘测设计研究院, 云南省水利水电勘测设计研究院
2	工程可行性研究报告	2015 年	长江勘测规划设计研究院, 中电建昆明勘测设计研究院, 云南省水利水电勘测设计研究院
3	输水工程总干渠及建筑物设计图	2012—2015 年	长江勘测规划设计研究院、 中电建昆明勘测设计研究院、 云南省水利水电勘测设计研究院

7.3　坐标基准的确立

7.3.1　坐标系统

(1)平面坐标系统

平面坐标系统为滇中引水工程施工测量坐标系,同时还应提供 1954 北京坐标系和 2000 国家大地坐标系成果。

(2)高程系统

1985 国家高程基准,高程系统为正常高。

7.3.2　投影带选择

滇中引水工程施工测量坐标系的建立说明:工程坐标系的建立,既要保证规范要求的边长投影变形小于 2.5cm/km 的要求,同时还应顾及与前期勘测成果的有效衔接。根据此要求,滇中引水工程施工测量坐标系定义为挂靠在 1954 北京坐标系统 1°带分带方式下,且边长投影至选定的高程面上的工程独立坐标系。

将输水工程总干渠区域按其所覆盖的经度,统一按 1°进行分带,将整 1°的子午线作为中央子午线,即按 100°、101°、102°、103°为中央子午线。

7.3.3 投影面设置

本书第 2 章的研究方法能求取的理论上的测区最佳投影高程面。在实际工程使用中，可在综合变形能接受的情况下，将投影面尽量取值到整十位或整百位，方便使用。此外，考虑到项目的可研阶段设置了 1900m 与 1500m 两个投影面，实际投影面的设置也须考虑与前期勘测成果的有效衔接。

因此，最终形成的投影面设置方案为：在输水工程总干渠由西向东分别为 1900m、1870m、1810m、1600m 和 1500m 共 5 个投影高程面，各投影高程面区段为：

（1）1900m 投影高程面

输水线路区段为：大理Ⅰ段起点（0＋000）～大理Ⅱ段起点（114＋555）～大理Ⅱ段终点板凳山渡槽出口（218＋627）；为 100°～101°中央子午线区域，1°带分界在狮子山隧洞出口。

（2）1870m 投影高程面

输水线路区段为：楚雄段起点（218＋627）～楚雄段大转弯隧洞入口（271＋298）；为 101°中央子午线区域。

（3）1810m 投影高程面

输水线路区段为：楚雄段大转弯隧洞入口（271＋298）～昆明段起点（361＋462）～玉溪段起点（477＋591）～玉溪段曲江消能电站进口（552＋287）；为 102°～103°中央子午线区域，1°带分界在松林隧洞出口。

（4）1600m 投影高程面

输水线路区段为：玉溪段曲江消能电站进口（552＋287）～玉溪段曲江倒虹吸出口（554＋659），为 103°中央子午线区域。

（5）1500m 投影高程面

输水线路区段为：红河段起点玉溪段曲江倒虹吸出口（554＋659）～红河段终点小燕塘隧洞出口（663＋234）渠尾，为 103°中央子午线区域。

按上述设置，滇中引水工程投影面设置方式如表 7.3-1 所示。

表 7.3-1　　　　　　　　　　滇中引水工程投影面设置方式

1°带区域	投影面（m）	调水线路区段
100°区域		大理Ⅰ段起点（0＋000）～大理Ⅱ段狮子山隧洞出口（169＋776）
101°区域 1	1900	大理Ⅱ段狮子山隧洞出口（169＋776）～大理Ⅱ段终点板凳山渡槽出口（218＋627）
101°区域 2	1870	楚雄段起点（218＋627）～楚雄段大转弯隧洞入口（271＋298）

1°带区域	投影面(m)	调水线路区段
102°区域	1810	楚雄段大转弯隧洞入口(271+298)~昆明段松林隧洞出口(392+082)
103°区域 1		昆明段松林隧洞出口(392+082)~玉溪段起点(477+591)~玉溪段曲江消能电站进口(552+287)
103°区域 2	1600	玉溪段曲江消能电站进口(552+287)~玉溪段曲江倒虹吸出口(554+659)
103°区域 3	1500	红河段起点玉溪段曲江倒虹吸出口(554+659)~红河段终点小燕塘隧洞出口(663+234)渠尾

7.4　平面施工控制网设计

7.4.1　一等平面控制网设计

一等平面控制网是滇中引水工程首级平面控制网的基础框架,用于二等平面控制网的绝对精度和相对精度。同时,一等平面控制网通过与国家新一代最高精度框架点的联测,使得控制网与最新的国家基准保持一致。

7.4.1.1　网形设计

一等平面控制网包括新埋设一等平面控制网点和国家一等控制点。

按照 GPS 测量规范要求,结合滇中引水工程的特点,一等平面控制网平均按 40km 一点进行布设,在联合体 3 个单位件的 2 个分界处各增加 1 点。全线须布设 17 座一等平面控制网点。一等平面控制网点必须选择在岩石上。

一等平面控制网布设网形如图 7.4-1 所示,一等平面控制网点情况如表 7.4-1 所示。

为了便于滇中引水工程平面施工测量坐标系与国家控制网坐标系的转换,一等平面控制网观测时联测国家一等平面控制网点和 2000 国家大地坐标系网点,平均分布在工程沿线。所需的国家一等平面控制网点和 2000 国家大地坐标系网点成果在国家基础地理信息中心收集。

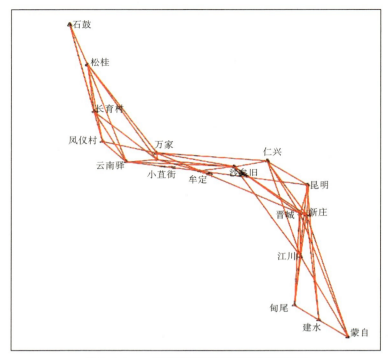

图 7.4-1　一等平面控制网布设网形示意图

表 7.4-1　　　　　　　　　　　　　　一等平面控制网点情况表

序号	点名	概略区域
1	ⅠDZ001	丽江市石鼓镇
2	ⅠDZ002	松桂
3	ⅠDZ003	长育村
4	ⅠDZ004	凤仪村
5	ⅠDZ005	云南驿
6	ⅠDZ006	万家
7	ⅠDZ007	小苴街
8	ⅠDZ008	牟定
9	ⅠDZ009	沙矣旧
10	ⅠDZ010	仁兴
11	ⅠDZ011	昆明
12	ⅠDZ012	晋城
13	ⅠDZ013	新庄
14	ⅠDZ014	江川
15	ⅠDZ015	甸尾
16	ⅠDZ016	建水
17	ⅠDZ017	蒙自

7.4.1.2　国家一等平面控制网点选择要求

1）同时具有 1954 北京坐标系成果和 CGCS2000 坐标系成果的国家一等平面控制网点。

2）标石、标芯保存完好。

3）点位应便于安置接收设备和操作，视野开阔，被测卫星的地平高度角大于 15°。

4）控制点点位应远离大功率无线电发射源和高压输电线。无干扰接受卫星信号的物体。

7.4.1.3　观测方案设计

一等平面控制网观测共 27 点（其中新埋一等点 17 点，联测国家一等点 10 点）。为了保证一等平面控制网的观测精度，拟采用 GNSS 测量方法，投入 27 台 GNSS 接收机进行同步观测，观测精度按《全球定位系统（GPS）测量规范》（GB/T 18314—2009）中的 B 级观测要求执行。

7.4.1.4　一等平面控制网数据处理方案设计

为了提高一等平面控制网 GNSS 基线解算精度和计算各控制点 WGS 84 坐标，在进行一等平面控制网数据处理时，在其四周各利用 1 个 GPS-IGS 国际工作站的观测数据进行联合基线解算；计划使用 kunm、wuhn、bjfs、lhaz 4 个 IGS 站点的数据，如图 7.4-2 所示。然后利用国家一等控制网点的成果，计算一等平面控制网的 1954 北京坐标系成果和 2000 国家大地坐标系成果，最后计算滇中引水工程施工测量坐标系成果。

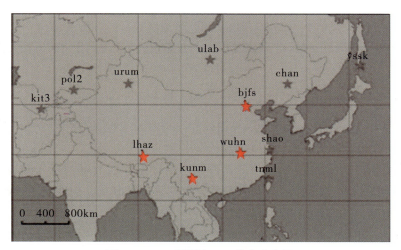

图 7.4-2　工程周边 IGS 站点分布图

7.4.1.5　一等平面控制网布设工作量

一等平面控制网布设工作量如表 7.4-2 所示。

表 7.4-2　　　　　　　　　　　　　一等平面控制网布设工作量统计表

序号	工作内容	等级	数量(点)
1	控制点埋设	一等	17
2	控制网观测	一等	27
3	数据处理	一等	31

7.4.2　二等平面控制网设计

7.4.2.1　网形设计

由于滇中引水工程总干渠全部是建筑物头尾相接,二等平面控制网设计既要考虑各建筑物的特点,又要考虑邻近建筑物的衔接要求。

建筑物网点设计依据以下原则进行布设:

(1)隧洞建筑物

在一般情况下,在每座隧洞的进口、出口、各支洞口(或斜井、竖井等)均布设 4~5 个控制点。当邻近两隧洞的出口与进口距离小于 800m 且通视条件较好时,两洞口整体考虑,根据现场地形条件布设 4~6 个控制点。

(2)倒虹吸、暗涵建筑物

在一般情况下,在其进口、出口处各布设 4 个控制点,当进出口与其他建筑物进出口相距在 800m 以内时,与其他建筑物合并布设。

(3)渡槽建筑物

当渡槽长度小于 800m 时,与前后建筑物合并布设;当长度大于 800m 时,根据实际情况布设控制网。

(4)点间距要求

依据《水利水电工程施工测量规范》(SL 52—2015),二等平面控制网的最短点间距不宜小于 500m,在特别困难的情况下不应小于 200m。

为了便于滇中引水工程坐标系与国家控制网坐标系和前期勘测成果的转换,二等平面控制网观测时须联测一等平面控制网点和部分前期测图控制点。前期测图控制点按每 15~20km 选择一点纳入二等控制网中进行联测。

根据以上布设原则,并结合工程特点,经图上设计,输水工程二等平面控制网须布设 834 点,其中大理Ⅰ段 118 点、大理Ⅱ段 115 点、楚雄段 184 点、昆明段 143 点、玉溪红河段 274 点;联测一等平面控制网 17 点,其中大理Ⅰ段 3 点、大理Ⅱ段 3 点、楚雄段 3 点、昆明段 3 点、玉溪红河段 5 点;联测前期测图控制点 30 点,其中大理Ⅰ段 5 点、大理Ⅱ段 4 点、楚雄段 6 点、昆明段 5 点、玉溪红河段 10 点。

在勘察试验性工程中,香炉山隧洞 2#支洞、磨盘山隧洞、凤屯隧洞已在前期完成了控制点选埋工作,本次项目实施时不再埋设观测墩,但平面观测时须纳入全网进行 GNSS 观测和高程测量。

7.4.2.2　控制网观测方案设计

输水工程二等平面控制网观测共 882 点(不含各观测组间的公共观测点),拟采用 GNSS 测量方法分期进行同步观测,观测精度按《水利水电工程测量规范》(SL 197—2013)中的二等 GPS 网观测要求执行,对于不满足 GNSS 观测条件的点采用常规边角测量方式进行观测。

7.4.2.3　数据处理方案设计

在一等平面控制网基础上分别计算输水工程二等平面控制网的 WGS 84 坐标系成果、1954 北京坐标系成果、2000 国家大地坐标系成果和滇中引水工程施工测量坐标系成果。

7.4.2.4　滇中引水工程二等平面控制网布设工作量

滇中引水工程二等平面控制网布设工作量如表 7.4-3 所示,各建筑物控制点的等级及数量如表 7.4-4 所示。

表 7.4-3　　　　　　滇中引水工程二等平面控制网布设工作量统计表

序号	分段名称	工作内容	等级	数量(点)
1	大理Ⅰ段	控制点埋设	二等	118
2		控制网观测	二等	126
3		数据处理	二等	126
4	大理Ⅱ段	控制点埋设	二等	115
5		控制网观测	二等	122
6		数据处理	二等	122
7	楚雄段	控制点埋设	二等	184
8		控制网观测	二等	194
9		数据处理	二等	194
10	昆明段	控制点埋设	二等	143
11		控制网观测	二等	151
12		数据处理	二等	151
13	玉溪红河段	控制点埋设	二等	274
14		控制网观测	二等	289
15		数据处理	二等	289
	合计	控制点埋设	二等	834
		控制网观测	二等	882
		数据处理	二等	882

表 7.4-4　　　　　　　　　　　各建筑物控制点的等级及数量

渠道分段	建筑物名称		等级	数量（点）
大理Ⅰ段	香炉山隧洞	进口	二等平面，二等高程	5（平面4，高程1）
		1#施工支洞	二等平面，三等高程	5（平面4，高程1）
		1-1#施工支洞	二等平面，三等高程	5（平面4，高程1）
		2#施工斜井	二等平面，二等高程	5（平面4，高程1）
		3#施工斜井	二等平面，二等高程	5（平面4，高程1）
		3-1#施工斜井	二等高程	高程1
		4#施工斜井	二等平面，三等高程	5（平面4，高程1）
		5#施工斜井	二等平面，三等高程	5（平面4，高程1）
		6#通风竖井	二等平面，三等高程	5（平面4，高程1）
		旁通洞		
		7#施工平洞	二等平面，二等高程	5（平面4，高程1）
		8#施工竖井	二等平面，三等高程	5（平面4，高程1）
		出口	二等平面，二等高程	5（平面4，高程1）
	衍庆村渡槽			
	衍庆村隧洞		二等平面，三等高程	6（平面4，高程2）
	积福村渡槽			
	积福村1号隧洞		二等平面，三等高程	6（平面4，高程2）
	积福村1号暗涵		二等平面，三等高程	高程1
	积福村2号隧洞		二等平面，三等高程	5（平面4，高程1）
	积福村2号暗涵			
	芹河隧洞	进口	二等平面，二等高程	8（平面6，高程2）
		1#施工斜井	二等平面，二等高程	5（平面4，高程1）
		2#施工斜井	二等平面，二等高程	5（平面4，高程1）
		3#施工支洞	二等平面，二等高程	5（平面4，高程1）
		4#施工支洞	二等平面，三等高程	5（平面4，高程1）
		出口		

渠道分段	建筑物名称		等级	数量（点）
大理Ⅰ段	北衙隧洞	进口	二等平面,二等高程	6（平面4,高程2）
		1#施工支洞	二等平面,二等高程	5（平面4,高程1）
		出口		
	上果园隧洞	进口	二等平面,二等高程	5（平面4,高程1）
		1#施工支洞	二等平面,二等高程	5（平面4,高程1）
		出口		
	下河坝隧洞		二等平面,二等高程	5（平面4,高程1）
	下河坝暗涵			
	玉石厂隧洞		二等平面,三等高程	7（平面6,高程1）
	玉石厂暗涵		二等平面,三等高程	
	老马槽隧洞		二等平面,三等高程	5（平面4,高程1）
	老马槽渡槽		二等平面,二等高程	4（平面2,高程2）
	长育村隧洞	进口	二等平面,二等高程	6（平面4,高程2）
		1#施工支洞	二等平面,二等高程	5（平面4,高程1）
		出口		
大理Ⅱ段	海东隧洞	进口	二等平面,二等高程	5（平面4,高程1）
		1#支洞	二等平面,三等高程	5（平面4,高程1）
		1段出口	二等平面,二等高程	5（平面4,高程1）
		2段进口	二等平面,二等高程	5（平面4,高程1）
		2#斜井支洞	二等平面,二等高程	5（平面4,高程1）
		3#斜井支洞	二等平面,三等高程	5（平面4,高程1）
		4#斜井支洞	二等平面,三等高程	5（平面4,高程1）
		5#斜井支洞	二等平面,三等高程	5（平面4,高程1）
		出口	二等平面,二等高程	5（平面4,高程1）
	甸头倒虹吸		二等平面,二等高程	5（平面4,高程1）

续表

渠道分段	建筑物名称		等级	数量（点）
大理Ⅱ段	狮子山隧洞	进口	二等平面,二等高程	5（平面4,高程1）
		1#支洞	二等平面,三等高程	5（平面4,高程1）
		2#支洞	二等平面,三等高程	5（平面4,高程1）
		3#支洞	二等平面,三等高程	5（平面4,高程1）
		4#支洞	二等平面,三等高程	5（平面4,高程1）
		5#斜井	二等平面,三等高程	5（平面4,高程1）
		出口	二等平面,二等高程	4（平面3,高程1）
	牛驼子箐暗涵	进口渐变段	二等平面,三等高程	3（平面2,高程1）
	洗窝帚山隧洞	进口		
		出口	二等平面,三等高程	5（平面4,高程1）
	麻栗园暗涵			
	麻栗园渡槽			
	品甸海隧洞	进口	二等平面,二等高程	5（平面4,高程1）
		出口	二等平面,二等高程	5（平面4,高程1）
	周官所暗涵		二等平面,二等高程	7（平面5,高程2）
	磨盘山隧洞	进口	二等平面,二等高程	5（平面4,高程1）
		MPS1#支洞	二等平面,三等高程	5（平面4,高程1）
		MPS2#支洞	二等平面,三等高程	5（平面4,高程1）
		出口	二等平面,三等高程	5（平面4,高程1）
	小青坡暗涵		二等平面,二等高程	5（平面4,高程1）
	下庄倒虹吸		二等平面,二等高程	10（平面8,高程2）
	下庄暗涵		二等平面,二等高程	4（平面3,高程1）
	老青山隧洞	进口	二等平面,二等高程	5（平面4,高程1）
		LQS1#支洞	二等平面,三等高程	5（平面4,高程1）
		LQS2#支洞	二等平面,三等高程	5（平面4,高程1）
		出口	二等平面,二等高程	5（平面4,高程1）
	董家村渡槽		二等平面,二等高程	5（平面4,高程1）
	板凳山隧洞	进口		
		BDS1#支洞	二等平面,三等高程	5（平面4,高程1）
		BDS2#斜井支洞	二等平面,三等高程	5（平面4,高程1）
		出口		
	板凳山渡槽		二等平面,二等高程	平面4

续表

渠道分段	建筑物名称		等级	数量（点）
楚雄段	万家隧洞	进口	二等平面，三等高程	5（平面4，高程1）
		1#施工支洞	二等平面，三等高程	5（平面4，高程1）
		2#施工支洞	二等平面，三等高程	5（平面4，高程1）
		3#施工支洞	二等平面，三等高程	5（平面4，高程1）
		4#施工支洞	二等平面，三等高程	5（平面4，高程1）
		5#施工支洞	二等平面，三等高程	5（平面4，高程1）
		出口	二等平面，三等高程	5（平面4，高程1）
	万家暗涵		二等平面，三等高程	平面4
	柳家村隧洞	进口	二等平面，三等高程	5（平面4，高程1）
		1#施工支洞	二等平面，三等高程	5（平面4，高程1）
		2#施工支洞	二等平面，三等高程	5（平面4，高程1）
		3#施工支洞	二等平面，三等高程	5（平面4，高程1）
		出口	二等平面，三等高程	平面4
	柳家村渡槽		二等平面，三等高程	平面4
	凤屯隧洞	进口	二等平面，三等高程	5（平面4，高程1）
		1#施工支洞	二等平面，三等高程	5（平面4，高程1）
		2#施工支洞	二等平面，三等高程	5（平面4，高程1）
		出口	二等平面，三等高程	5（平面4，高程1）
	凤屯渡槽		二等平面，三等高程	平面4
	伍庄村隧洞	进口	二等平面，三等高程	5（平面4，高程1）
		1#施工支洞	二等平面，三等高程	5（平面4，高程1）
		2#施工支洞	二等平面，三等高程	5（平面4，高程1）
		3#施工支洞	二等平面，三等高程	5（平面4，高程1）
		出口	二等平面，三等高程	5（平面4，高程1）
	伍庄村暗涵		二等平面，三等高程	平面4
	大转弯隧洞	进口	二等平面，三等高程	5（平面4，高程1）
		1#施工支洞	二等平面，三等高程	5（平面4，高程1）
		2#施工支洞	二等平面，三等高程	5（平面4，高程1）
		3#施工支洞	二等平面，三等高程	4（平面3，高程1）
		4#施工支洞	二等平面，三等高程	5（平面4，高程1）
		5#施工支洞	二等平面，三等高程	4（平面3，高程1）
		6#施工支洞	二等平面，三等高程	5（平面4，高程1）
		7#施工支洞	二等平面，三等高程	5（平面4，高程1）
		出口	二等平面，三等高程	6（平面5，高程1）

续表

渠道分段	建筑物名称		等级	数量(点)
楚雄段	龙川江倒虹吸		二等平面,三等高程	7(平面6,高程1)
	凤凰山隧洞	进口		
		1# 施工支洞	二等平面,三等高程	4(平面3,高程1)
		2# 施工支洞	二等平面,三等高程	4(平面3,高程1)
		3# 施工支洞	二等平面,三等高程	4(平面3,高程1)
		4# 施工支洞	二等平面,三等高程	5(平面4,高程1)
		5# 施工支洞	二等平面,三等高程	4(平面3,高程1)
		6# 施工支洞	二等平面,三等高程	4(平面3,高程1)
		7# 施工支洞	二等平面,三等高程	5(平面4,高程1)
		出口	二等平面,三等高程	5(平面4,高程1)
	凤凰山暗涵		二等平面,三等高程	平面4
	九道河隧洞	进口		
		1# 施工支洞	二等平面,三等高程	5(平面4,高程1)
		2# 施工支洞	二等平面,三等高程	5(平面4,高程1)
		出口	二等平面,三等高程	5(平面4,高程1)
	九道河倒虹吸		二等平面,三等高程	平面4
	鲁支河隧洞	进口		
		1# 施工支洞	二等平面,三等高程	5(平面4,高程1)
		出口	二等平面,三等高程	5(平面4,高程1)
	鲁支河渡槽		二等平面,三等高程	平面4
	龙潭隧洞	进口		
		1# 施工支洞	二等平面,三等高程	5(平面4,高程1)
		2# 施工支洞	二等平面,三等高程	5(平面4,高程1)
		3# 施工支洞	二等平面,三等高程	5(平面4,高程1)
		4# 施工支洞	二等平面,三等高程	5(平面4,高程1)
		出口	二等平面,三等高程	7(平面6,高程1)
	观音山倒虹吸		二等平面,三等高程	22(平面14,高程8)
昆明段	蔡家村隧洞	进口	二等平面,三等高程	9(平面8,高程1)
		1# 施工支洞	二等平面,三等高程	5(平面4,高程1)
		2# 施工支洞	二等平面,三等高程	5(平面4,高程1)
		3# 施工支洞	二等平面,三等高程	5(平面4,高程1)
		4# 施工支洞	二等平面,三等高程	5(平面4,高程1)
		5# 施工支洞	二等平面,三等高程	5(平面4,高程1)

续表

渠道分段	建筑物名称		等级	数量（点）
昆明段	蔡家村隧洞	6#施工支洞	二等平面，三等高程	4（平面3，高程1）
		出口	二等平面，三等高程	5（平面4，高程1）
	小鱼坝倒虹吸		二等平面，三等高程	平面4
	松林隧洞	进口		
		1#施工支洞	二等平面，三等高程	4（平面3，高程1）
		2#施工支洞	二等平面，三等高程	5（平面4，高程1）
		出口	二等平面，三等高程	4（平面3，高程1）
	松林渡槽		二等平面，三等高程	平面4
	盛家塘隧洞		二等平面，三等高程	5（平面4，高程1）
	盛家塘暗涵		二等平面，三等高程	平面4
	龙庆隧洞	进口	二等平面，三等高程	5（平面4，高程1）
		1#施工支洞	二等平面，三等高程	4（平面3，高程1）
		2#施工支洞	二等平面，三等高程	5（平面4，高程1）
		3#施工支洞	二等平面，三等高程	5（平面4，高程1）
		出口	二等平面，三等高程	5（平面4，高程1）
	龙庆河渡槽		二等平面，三等高程	平面4
	龙泉隧洞	进口		
		1#施工支洞	二等平面，三等高程	5（平面4，高程1）
		2#施工支洞	二等平面，三等高程	5（平面4，高程1）
		出口	二等平面，三等高程	5（平面4，高程1）
	龙泉倒虹吸	进口渐变段起点	二等平面，三等高程	平面6
	昆呈隧洞	进口	二等平面，三等高程	4（平面3，高程1）
		1#支洞	二等平面，三等高程	5（平面4，高程1）
		2#支洞	二等平面，三等高程	5（平面4，高程1）
		3#支洞	二等平面，三等高程	4（平面3，高程1）
		4#支洞	二等平面，三等高程	5（平面4，高程1）
		5#支洞	二等平面，三等高程	5（平面4，高程1）
		6#支洞	二等平面，三等高程	5（平面4，高程1）
		7#支洞	二等平面，三等高程	5（平面4，高程1）
		8#支洞	二等平面，三等高程	6（平面5，高程1）
		9#支洞	二等平面，三等高程	5（平面4，高程1）
		10#支洞	二等平面，三等高程	4（平面3，高程1）
		11#支洞	二等平面，三等高程	5（平面4，高程1）

渠道分段	建筑物名称		等级	数量(点)
昆明段	昆呈隧洞	12# 支洞	二等平面,三等高程	5(平面 4,高程 1)
		13# 支洞	二等平面,三等高程	5(平面 4,高程 1)
		14# 支洞	二等平面,三等高程	5(平面 4,高程 1)
		15# 支洞	二等平面,三等高程	5(平面 4,高程 1)
		16# 支洞	二等平面,三等高程	5(平面 4,高程 1)
		17# 支洞	二等平面,三等高程	5(平面 4,高程 1)
		分、退水闸起点	二等平面,三等高程	5(平面 4,高程 1)
		分、退水闸终点		
		隧洞 1 终点		
		分水闸起点	二等平面,三等高程	5(平面 4,高程 1)
		分水闸终点		
		节制闸终点		
		隧洞 2 终点		
		分水闸起点	二等平面,三等高程	5(平面 4,高程 1)
		分水闸终点		
		隧洞 3 终点		
		分水闸起点	二等平面,三等高程	5(平面 4,高程 1)
		分水闸终点		
		节制闸终点		
		隧洞 4 终点		
		出口	二等平面,三等高程	5(平面 4,高程 1)
	牧羊村暗涵	渐变段起点	二等平面,三等高程	5(平面 4,高程 1)
		暗涵终点		
玉溪红河段	小扑隧洞	进口	二等平面,二等高程	5(平面 4,高程 1)
		1# 支洞	二等平面,二等高程	5(平面 4,高程 1)
		2# 支洞	二等平面,二等高程	5(平面 4,高程 1)
		3# 支洞	二等平面,二等高程	5(平面 4,高程 1)
		4# 支洞	二等平面,二等高程	5(平面 4,高程 1)
		5# 支洞	二等平面,二等高程	5(平面 4,高程 1)
		6# 支洞	二等平面,二等高程	5(平面 4,高程 1)
		7# 支洞	二等平面,二等高程	5(平面 4,高程 1)
		8# 支洞	二等平面,二等高程	5(平面 4,高程 1)
		出口	二等平面,二等高程	5(平面 4,高程 1)

续表

渠道分段	建筑物名称		等级	数量（点）
玉溪红河段	阿斗村渡槽	进口	二等平面,二等高程	
		出口		
	阿斗村隧洞	进口	二等平面,二等高程	高程1
		出口	二等平面,二等高程	5（平面4,高程1）
	前卫暗涵	进口	二等平面,二等高程	
		出口		
	白马山隧洞	进口	二等平面,二等高程	高程1
		出口	二等平面,二等高程	5（平面4,高程1）
	木瓦田渡槽		二等平面,二等高程	
	黄草坝隧洞	进口	二等平面,二等高程	高程1
		轴线转点		
		出口	二等平面,二等高程	5（平面4,高程1）
	老尖山暗涵		二等平面,二等高程	
	老尖山隧洞	进口	二等平面,二等高程	5（平面4,高程1）
		出口		5（平面4,高程1）
	小龙潭倒虹吸	进口	二等平面,二等高程	3（平面2,高程1）
		跨玉江公路		
		出口		
	扯那苴隧洞	进口		高程1
		1# 支洞	二等平面,二等高程	5（平面4,高程1）
		出口	二等平面,二等高程	5（平面4,高程1）
	矣文水库暗涵		二等平面,三等高程	
	小各扎隧洞	进口	二等平面,二等高程	高程1
		出口	二等平面,二等高程	3（平面2,高程1）
	小各扎暗涵		二等平面,三等高程	
	大塘子隧洞	进口	二等平面,二等高程	高程1
		1# 支洞	二等平面,三等高程	5（平面4,高程1）
		出口	二等平面,二等高程	5（平面4,高程1）
	何官营倒虹吸		二等平面,二等高程	5（平面4,高程1）
	螺峰山隧洞	进口	二等平面,二等高程	5（平面4,高程1）
		1# 支洞	二等平面,二等高程	5（平面4,高程1）
		2# 支洞	二等平面,二等高程	5（平面4,高程1）
		3# 支洞	二等平面,二等高程	5（平面4,高程1）

续表

渠道分段	建筑物名称		等级	数量（点）
玉溪红河段	螺峰山隧洞	4# 支洞	二等平面,二等高程	5（平面 4,高程 1）
		出口	二等平面,二等高程	5（平面 4,高程 1）
	曲江消能电站		二等平面,二等高程	5（平面 4,高程 1）
	曲江倒虹吸		二等平面,二等高程	高程 2
	鸡米冲隧洞	进口	二等平面,二等高程	高程 1
		1# 支洞	二等平面,三等高程	5（平面 4,高程 1）
		2# 支洞	二等平面,三等高程	5（平面 4,高程 1）
		出口	二等平面,二等高程	5（平面 4,高程 1）
	乌兄暗涵			
	乌兄隧洞	进口	二等平面,二等高程	高程 1
		轴线转点		
		出口		5（平面 4,高程 1）
	小路南倒虹吸		二等高程	高程 1
	小路南隧洞	小路南隧洞进口		高程 1
		1# 支洞	二等平面,二等高程	5（平面 4,高程 1）
		2# 支洞	二等平面,二等高程	5（平面 4,高程 1）
		3# 支洞	二等平面,二等高程	5（平面 4,高程 1）
		4# 支洞	二等平面,二等高程	5（平面 4,高程 1）
		小路南隧洞出口	二等平面,二等高程	5（平面 4,高程 1）
	龙尾渡槽		二等平面,二等高程	5（平面 4,高程 1）
	龙尾隧洞	进口	二等平面,二等高程	高程 1
		1# 支洞	二等平面,三等高程	5（平面 4,高程 1）
		出口	二等平面,二等高程	5（平面 4,高程 1）
	跃进水库消能电站	进口	二等平面,二等高程	5（平面 4,高程 1）
		出口		
	大寨暗涵	进口	二等高程	高程 1
		出口		
	羊街 1# 隧洞	进口	二等平面,二等高程	5（平面 4,高程 1）
		出口	二等平面,二等高程	5（平面 4,高程 1）
	羊街暗涵		二等平面,二等高程	5（平面 4,高程 1）
	羊街 2# 隧洞	进口	二等平面,三等高程	5（平面 4,高程 1）
		出口	二等平面,二等高程	
	羊街渡槽		二等平面,三等高程	

续表

渠道分段	建筑物名称		等级	数量（点）
玉溪红河段	龙树隧洞	进口	二等平面,二等高程	高程1
		1#支洞	二等平面,二等高程	5(平面4,高程1)
		2#支洞	二等平面,二等高程	5(平面4,高程1)
		3#支洞	二等平面,二等高程	5(平面4,高程1)
		轴线转点		
		出口	二等平面,二等高程	5(平面4,高程1)
	钱家湾倒虹吸		二等平面,二等高程	
	柴里冲1#隧洞	进口	二等平面,二等高程	高程1
		出口	二等平面,二等高程	5(平面4,高程1)
	柴里冲倒虹吸		二等平面,二等高程	高程1
	柴里冲暗涵		二等平面,三等高程	
	柴里冲2#隧洞	进口	二等平面,二等高程	3(平面2,高程1)
		出口	二等平面,二等高程	5(平面4,高程1)
	龙树山渡槽		二等平面,三等高程	
	龙树山隧洞	进口	二等平面,二等高程	高程1
		出口	二等平面,二等高程	5(平面4,高程1)
	阿子冲消能电站		二等平面,二等高程	3(平面2,高程1)
	阿子冲渡槽		二等平面,三等高程	
	阿子冲隧洞	进口	二等平面,二等高程	高程1
		出口	二等平面,二等高程	3(平面2,高程1)
	土军寨倒虹吸		二等平面,二等高程	5(平面4,高程1)
	坝埂脚隧洞	进口	二等平面,二等高程	5(平面4,高程1)
		出口	二等平面,二等高程	5(平面4,高程1)
	长冲倒虹吸		二等平面,二等高程	
	大路能山隧洞	进口	二等平面,二等高程	5(平面4,高程1)
		1#支洞	二等平面,三等高程	5(平面4,高程1)
		出口	二等平面,二等高程	5(平面4,高程1)
	桥头村倒虹吸		二等平面,二等高程	10(平面6,高程4)
	地田坡隧洞	进口	二等平面,二等高程	5(平面4,高程1)
		1#支洞	二等平面,三等高程	5(平面4,高程1)
		2#支洞	二等平面,三等高程	5(平面4,高程1)
		出口	二等平面,二等高程	5(平面4,高程1)
	红白吉坎渡槽		二等平面,三等高程	

续表

渠道分段	建筑物名称		等级	数量（点）
玉溪红河段	大坡子隧洞	进口	二等平面，二等高程	20（平面16，高程4）
		1#支洞	二等平面，三等高程	5（平面4，高程1）
		2#支洞	二等平面，三等高程	5（平面4，高程1）
		3#支洞	二等平面，三等高程	5（平面4，高程1）
		4#支洞	二等平面，三等高程	5（平面4，高程1）
		出口	二等平面，二等高程	5（平面4，高程1）
	绿冲河倒虹吸	进口	二等平面，二等高程	高程1
		出口	二等平面，二等高程	3（平面2，高程1）
	大山隧洞	进口	二等平面，二等高程	高程1
		出口	二等平面，二等高程	5（平面4，高程1）
	大河湾倒虹吸	进口	二等平面，三等高程	
		出口		
	乍甸隧洞	进口	二等平面，二等高程	高程1
		出口	二等平面，三等高程	
	乍甸倒虹吸	进口	二等平面，二等高程	5（平面4，高程1）
		出口		
	小燕塘隧洞	进口	二等平面，二等高程	高程1
		出口	二等平面，二等高程	5（平面4，高程1）

7.5　高程施工控制网设计

7.5.1　输水工程二等高程控制网设计

（1）精度要求

由于本工程设计各主要建筑物首级高程控制网等级为三等水准测量精度，其每千米水准测量高差中数的偶然中误差≤±3.0mm，全中误差≤±6.0mm。为了对输水总干渠各建筑物高程精度进行整体控制、满足各主要建筑物首级高程控制网加密测量要求，输水工程总干渠全线路首级高程控制网设计统一布设为二等水准测量等级；其每千米水准测量高差中数的偶然中误差≤±1.0mm，全中误差≤±2.0mm。

（2）输水工程二等高程控制网方案

根据输水工程总干渠全线路施工的精度要求，在国家一等水准控制网点下，沿总干渠附近整体布设输水工程总干渠二等高程控制网,设计路线为附合路线或闭合环线。根据图上设计,二等水准路线总长约 2699.1km。已知国家一等水准路线和计划布置的二等水准路线网形如图 7.5-1 所示。

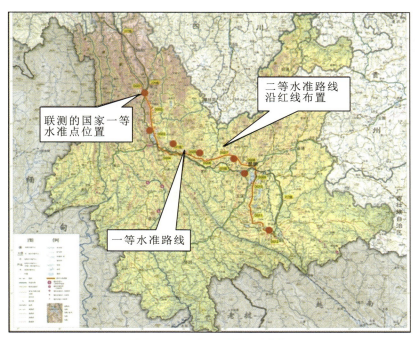

图 7.5-1　二等水准路线布置图

布设的二等水准路线附合国家一等水准路线;二等水准路线按规范要求,平均每 40km 设置一座基本标,按每 4～8km 设置一座普通标,并依据每座建筑物施工工作面附近不少于 1 个高程工作基点的原则,全线须布设基本水准标石 325 座,其中建筑物高程基点 256 座,二等水准路线基本点 69 座;普通水准标石 215 座。

根据国家一等水准路线在本工程区域的布设情况,全线二等高程控制网计划联测的国家一等水准点 7 点,分别位于丽江石鼓,大理州洱源县、祥云县,楚雄州南华县,昆明市五华区、呈贡区及渠尾蒙自县。所需的国家一等水准点成果在国家基础地理信息中心收集。

(3)前期四等高程控制网点联测

为了检查与可研阶段所测地形图高程系统的一致性,二等水准观测时须在 50km 左右选择一座前期布设的四等高程控制网点纳入水准线路进行观测。

(4)观测方案设计

输水工程二等高程控制网采用二等水准测量方法进行观测。

（5）数据处理方案设计

二等水准观测数据在经过尺长改正、正常水准面不平行改正及重力异常改正后，以联测的国家一等水准点为起算点进行平差计算。

（6）输水工程二等高程控制网工作量

输水工程二等高程控制网工作量如表 7.5-1 所示。

表 7.5-1 输水工程二等高程控制网工作量统计表

分段名称	序号	工作项目	计量单位	数量
大理Ⅰ段	1	建筑物基点埋设	点	38
	2	水准路线基本标埋设	点	16
	3	普通水准点埋设	点	75
	4	二等水准观测	km	647.3
	5	二等水准数据处理	km	647.3
大理Ⅱ段	1	建筑物基点埋设	点	29
	2	水准路线基本标埋设	点	15
	3	普通水准点埋设	点	71
	4	二等水准观测	km	576
	5	二等水准数据处理	km	576
楚雄段	1	建筑物基点埋设	点	52
	2	水准路线基本标埋设	点	11
	3	普通水准点埋设	点	22
	4	二等水准观测	km	424.8
	5	二等水准数据处理	km	424.8
昆明段	1	建筑物基点埋设	点	40
	2	水准路线基本标埋设	点	7
	3	普通水准点埋设	点	7
	4	二等水准观测	km	271
	5	二等水准数据处理	km	271
玉溪红河段	1	建筑物基点埋设	点	97
	2	水准路线基本标埋设	点	20
	3	普通水准点埋设	点	40
	4	二等水准观测	km	780
	5	二等水准数据处理	km	780

分段名称	序号	工作项目	计量单位	数量
	1	建筑物基点埋设	点	256
	2	水准路线基本标埋设	点	69
合计	3	普通水准点埋设	点	215
	4	二等水准观测	km	2699.1
	5	二等水准数据处理	km	2699.1

7.5.2　建筑物三等高程控制网设计

（1）基本要求

在输水工程总干渠二等水准高程控制网的基础上,各建筑物三等高程控制网点由建筑物进出口和支洞口的水准高程基点、平面网点观测墩基座水准点等组成。建筑物三等高程控制网点的布设以每座建筑物为单位,一般情况下在每座隧洞的进出口、支洞口(或斜井、竖井)各布设1个水准高程基点。当相邻隧洞的出口与进口距离较短(如小于500m)时,两洞口合并布设,只布设1个水准高程基点。当相邻两洞口的三等控制路线长度超过8km时,应埋设普通水准点。三等高程控制路线可根据现场地形条件,选择闭合路线或附合路线方式进行布设。

根据上述布设原则,经图上设计建筑物三等高程控制网观测路线长度约1736.2km,普通水准点埋设285座。

（2）观测方案设计

建筑物三等高程控制网观测方案可采用三等水准测量或光电测距三角高程测量方式。依据下列原则进行选择:

1)各建筑物进出口、支洞口的高程基点,能进行直接水准测量的平面观测墩水准点,应按三等水准测量方式进行联测。

2)对于利用三等水准测量确实困难的部分平面观测墩水准点,可采用光电测距三角高程测量方式进行联测。

（3）数据处理方案设计

三等水准观测数据在经过尺长改正、正常水准面不平行改正后,与光电测距三角高程观测成果合并进行数据处理,在总干渠二等高程控制网的基础上进行联合平差计算。

（4）建筑物三等高程控制网工作量

建筑物三等高程控制网工作量统计如表 7.5-2 所示。

表 7.5-2　　　　　　　　　　建筑物三等高程控制网工作量统计表

分段名称	序号	工作项目	计量单位	数量
大理Ⅰ段	1	普通水准点埋设	点	49
	2	三等水准观测	km	310.6
	3	三等水准数据处理	km	310.6
大理Ⅱ段	1	普通水准点埋设	点	46
	2	三等水准观测	km	276
	3	三等水准数据处理	km	276
楚雄段	1	普通水准点埋设	点	54
	2	三等水准观测	km	324
	3	三等水准数据处理	km	324
昆明段	1	普通水准点埋设	点	66
	2	三等水准观测	km	405.6
	3	三等水准数据处理	km	405.6
玉溪红河段	1	普通水准点埋设	点	70
	2	三等水准观测	km	420
	3	三等水准数据处理	km	420
合计	1	普通水准点埋设	点	285
	2	三等水准观测	km	1736.2
	3	三等水准数据处理	km	1736.2

7.6　测量标志的设计

7.6.1　测量标志的标型选择

（1）平面控制网点标志类型

本工程的平面控制网点（包括一、二等）的建立均须采用具有强制归心装置的观测墩，使控制点更加稳定、可靠。结合现场实际情况，可选择岩石观测墩、土层观测墩。但由于建网周期短，基本上无观测墩的稳定期。因此，在现场点位选择时，应优选在岩石基础上埋设观测墩。岩石观测墩埋设规格如图 7.6-1 所示，土层观测墩埋设规格如图 7.6-2 所示。

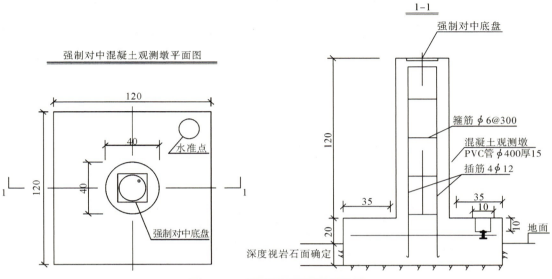

图 7.6-1　岩石观测墩埋设规格图

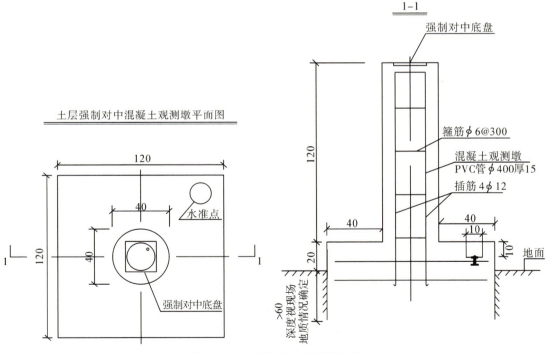

图 7.6-2　土层观测墩埋设规格图

（2）高程控制网点标志类型

高程控制网点包括基本水准点和普通水准点。根据本工程具体情况，本项目基本水准点按岩层基本水准标和混凝土基本水准标进行选择。普通水准点按岩层普通水准标和混凝土普通水准标进行选择。由于建网周期短,基本上无标石的稳定期,因此现场点位选择时,应优选岩层基本水准标和岩层普通水准标。岩层基本水准标埋设规格如图 7.6-3 所示,混凝土基本水准标埋设规格如图 7.6-4 所示,岩层普通水准标埋设规格如图 7.6-5 所示,混凝土普通水准标埋设规格如图 7.6-6 所示。

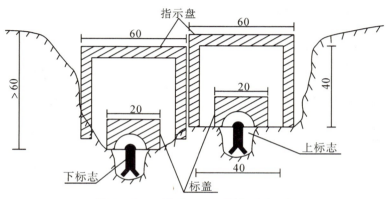

图 7.6-3　岩层基本水准标埋设规格图

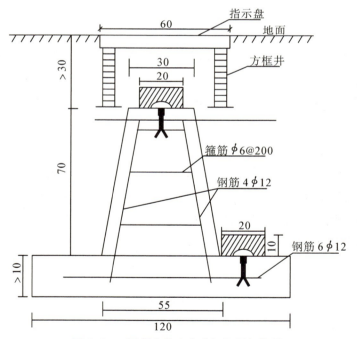

图 7.6-4　混凝土基本水准标埋设规格图

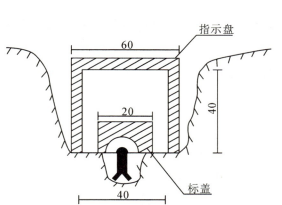

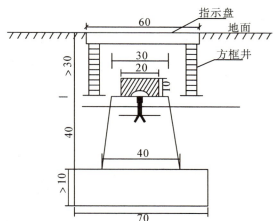

图 7.6-5　岩层普通水准标埋设规格图　　　图 7.6-6　混凝土普通水准标埋设规格图

7.6.2　控制点的编号

（1）一等平面控制点的命名

一等平面控制点统一命名，格式为 IDZXX，其中，"I"代表控制网等级，"DZ"代表"滇中"，"XX"代表点的顺序号。

（2）二等平面控制点的命名

二等平面控制点以建筑物为单位进行命名，格式为 ⅡAAXXX，其中"Ⅱ"代表二等；"AA"代表建筑物名称，取建筑物名称中有代表性的两个汉字的汉语拼音的第一个字母；"XXX"代表控制点的点号，其中前两位数字表示控制点处在建筑物的哪个工程部位，"00"定义为进口，"90"定义为"出口"，"01"代表该建筑物 1# 支洞，"02"代表该建筑物 2# 支洞，以此类推；最后一位数字代表该部位平面控制点的顺序号。

如香炉山隧洞进口处控制点为ⅡXL001，ⅡXL002，…；出口处控制点为ⅡXL901，ⅡXL902，…；1# 支洞处控制点为ⅡXL011，ⅡXL012，…；5# 支洞处控制点为ⅡXL051，ⅡXL052，…。

对于倒虹吸、渡槽、暗涵等建筑物控制网可由进口至出口按顺序编号。如下庄倒虹吸建筑物控制网点编号为ⅡXZ001，ⅡXZ002，…，ⅡXZ010。

各建筑物控制网点的命名缩写如表 7.6-1 所示。

表 7.6-1　　　　　　　　　　各建筑物控制网点的命名缩写表

渠道分段	建筑物名称	名称缩写（AA）	建筑物名称	名称缩写（AA）	建筑物名称	名称缩写（AA）
大理Ⅰ段	香炉山隧洞	XL	芹河隧洞	JH	玉石厂隧洞	YC
	衍庆村隧洞	YQ	北衙隧洞	BY	老马槽隧洞	MS

续表

渠道分段	建筑物名称	名称缩写(AA)	建筑物名称	名称缩写(AA)	建筑物名称	名称缩写(AA)
大理Ⅰ段	积福村1号隧洞	JF	上果园隧洞	SY	老马槽渡槽	MD
	积福村2号隧洞	JC	下河坝隧洞	HB	长育村隧洞	CY
大理Ⅱ段	海东隧洞	DH	品甸海隧洞	PH	下庄暗涵	XZ
	甸头倒虹吸	DT	周官所暗涵	ZG	老青山隧洞	QS
	狮子山隧洞	SZ	磨盘山隧洞	MP	董家村渡槽	DC
	牛驼子箐暗涵	NT	小青坡暗涵	QP	板凳山隧洞	BS
	洗窝帚山隧洞	XW	下庄倒虹吸	XZ	板凳山渡槽	BC
楚雄段	万家隧洞	WJ	伍庄村隧洞	WS	九道河隧洞	JS
	万家暗涵	WA	伍庄村暗涵	WH	九道河倒虹吸	JD
	柳家村隧洞	LS	大转弯隧洞	ZW	鲁支河隧洞	ZS
	柳家村渡槽	LJ	龙川江倒虹吸	LC	鲁支河渡槽	LZ
	凤屯隧洞	FT	凤凰山隧洞	FS	龙潭隧洞	LT
	凤屯渡槽	FD	凤凰山暗涵	FH	观音山倒虹吸	GY
昆明段	蔡家村隧洞	CC	盛家塘隧洞	ST	龙泉隧洞	LQ
	小鱼坝倒虹吸	YB	盛家塘暗涵	SA	龙泉倒虹吸	LH
	松林隧洞	SL	龙庆隧洞	LD	昆呈隧洞	KC
	松林渡槽	SD	龙庆河渡槽	LB	牧羊村暗涵	MY
玉溪红河段	小扑隧洞	XP	乌兄隧洞	WX	阿子冲消能电站	AC
	阿斗村隧洞	AD	小路南隧洞	LN	阿子冲隧洞	AS
	白马山隧洞	BD	龙尾渡槽	WD	土军寨倒虹吸	TZ
	黄草坝隧洞	HC	龙尾隧洞	LW	坝埂脚隧洞	BG
	老尖山隧洞	LA	跃进水库消能电站	YJ	大路能山隧洞	DL
	小龙潭倒虹吸	XT	羊街1#隧洞	YS	桥头村倒虹吸	QT
	扯那苴隧洞	CN	羊街暗涵	YA	地田坡隧洞	DP
	小各扎隧洞	GZ	羊街2#隧洞	YD	大坡子隧洞	PZ
	大塘子隧洞	DD	龙树隧洞	LY	绿冲河倒虹吸	CH
	何官营倒虹吸	HG	柴里冲1#隧洞	CL	大山隧洞	DS
	螺峰山隧洞	LF	柴里冲2#隧洞	CS	乍甸倒虹吸	ZD
	曲江消能电站	QJ	龙树山隧洞	SS	小燕塘隧洞	XY
	鸡米冲隧洞	JM				

（3）高程控制点的命名

高程控制点分 4 种情况命名。

1）平面控制观测墩基座上的水准点的命名为：在平面控制点的点名后冠以"S"表示水准点，如"ⅡXL001"观测墩上的水准点名为 XL001S。

2）建筑物进出口、支洞口处的高程基点，其命名与该处的平面控制点命名相似，在其点名后加"JS"或"JX"表示基上或基下，如香炉山隧洞进口处高程基点为 XL001JS、XL001JX，出口处为 XL901JS、XL901JX，4#支洞处控制点为 XL041JS、XL041JX。

3）二等水准路线上的水准点的命名为"ⅡBMXXX"，其中"BM"代表路线水准点，"XXX"代表水准点号，最前 1 位代表段号（"1"代表大理Ⅰ段，"2"代表大理Ⅱ段，"3"代表楚雄段，"4"代表昆明段，"5"代表玉溪红河段）。后两位数字代表水准点在本段的顺序号，该顺序号在该段中起西止东、起北止南，如"ⅡBM109"表示该点是大理Ⅰ段的第 9 个二等水准点。若该点是基本标时，在点名后加"JS"或"JX"代表基上或基下，如ⅡBM312JS、ⅡBM312JX。

4）三等水准路线上的高程点的命名为ⅢTPXXX，其中"TP"代表路线水准点，"XXX"代表水准点号，最前 1 位代表段号（"1"代表大理Ⅰ段，"2"代表大理Ⅱ段，"3"代表楚雄段，"4"代表昆明段，"5"代表玉溪红河段）。后两位数字代表水准点在本段的顺序号，该顺序号在该段中起西止东、起北止南，如ⅢTP109 表示该点是大理Ⅰ段的第 9 个三等水准点。

7.6.3   测量标志的选点埋设

7.6.3.1   平面控制网点的选点埋设

（1）选点要求

一、二等平面控制点选点时，按下列要求执行：

①一等平面控制点所选点位宜靠近输水线路，且必须选择在岩石上；二等平面控制点所选点位距建筑物进出口或支洞口不宜少于 300m，且应与 1～2 个控制点通视，并尽量与建筑物进出口通视，并优选岩石标。

②各等级控制点点位的选择应符合《全球定位系统（GPS）测量规范》（GB/T 18314—2009）的要求，并有利于其他测量手段进行扩展与联测，且便于保管和使用。

③点位的基础应坚实稳定，易于长期保存，有利于安全作业。

④点位应便于安置接收设备和操作，视野开阔，被测卫星的地平高度角大于 15°。

⑤点位应远离大功率无线电发射源（如电视台、微波站等）、高压输电线、无干扰接收卫星信号的物体。

（2）观测墩埋设要求

平面控制网观测墩埋设时，按下列要求执行：

①观测墩基础开挖深度和宽度均不得小于图 7.6-1、图 7.6-2 规定的尺寸,混凝土浇筑前将基坑清理干净。

②观测墩的建造严格按图纸中规定的尺寸、材料规格和数量施工,不得随意降低钢筋的规格。

③观测墩选用 C35 混凝土浇筑,按照混凝土的浇筑要求,做好捣实、防护工作,确保混凝土与 PVC 管内壁的紧密结合。

④观测墩上安置不锈钢强制对中基盘,基盘表面用长水准气泡定平,其不平度小于 4′。

⑤观测墩施工过程中必须注意混凝土的养护,用草袋苦盖,定期浇水,防止出现裂纹和裂缝。

⑥观测墩用红色油漆喷涂点号、保护警语;在观测墩站台上,用字模刻印平面及水准点点号,并用红油漆填写清楚。

⑦埋标工作完成后,仔细清理周围场地,必要时设立排水沟。

⑧若因现场条件所限,埋设土层观测墩时应采用在基础加钢管(宜采用 ϕ108 钢管)的方式,或者增加观测墩基础的浇水频率,促使标石尽快稳定。

（3）观测墩的整饰

平面观测墩整饰侧视图如图 7.6-7 所示,平面观测墩整饰划分如图 7.6-8 所示,平面观测墩整饰各侧平面如图 7.6-9 所示,观测墩上水准点位置及规格如图 7.6-10 所示。

其中,观测墩 1 侧标注控制点点名及"滇中引水工程"的文字,埋设时该面面向渠道或洞口方向;2 侧标注"测量标志严禁破坏"的警示文字;3 侧标注建设单位及施工单位名称,整饰字体均为等线体。

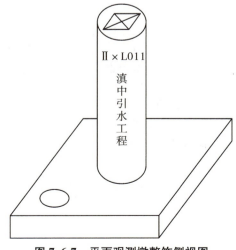

图 7.6-7　平面观测墩整饰侧视图

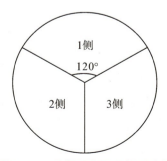

图 7.6-8　平面观测墩整饰划分图

图 7.6-9   平面观测墩整饰各侧平面图

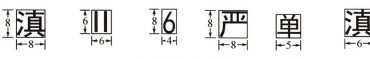

图 7.6-10   平面观测墩各侧整饰字体规格图

观测墩基座水准点设置在观测墩东北角,水准点护围直径为 15cm,护围与观测墩平台东侧和北侧的距离为 10cm,如图 7.6-11 所示。

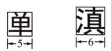

图 7.6-11   观测墩上水准点位置及规格图

(4)点之记绘制

控制点埋标工作结束后,在现场按照统一规定的点之记格式绘制点之记,点之记的最后成果在计算机上按照统一规定的绘制模版绘制,文件的保存格式为 *.DWG。

7.6.3.2   高程控制网点的选点埋设

高程控制网点包括基本水准点和普通水准点。结合本工程具体情况,本项目基本水准点按岩层基本水准标和混凝土基本水准标进行选择,普通水准点按岩层普通水准标和混凝土普通水准标进行选择。

(1)选点要求

①沿二等水准高程路线进行点位选择,隧洞进出口、支洞口高程控制网点尽量纳入线路中。

②所选点位应免受输水干渠及其建筑物施工的影响。

③水准点尽可能选在丘陵地区的岩石露头或岩石距地面不深处。

④点位地基坚实稳定、安全僻静,并便于标石长期保存与观测。

⑤二等水准点应便于建筑物三等高程控制网的接测。

(2)水准点埋标要求

①标志埋设时,根据所选择的标石类型,需要按本实施方案5.1.2条所规定的尺寸、材料规格施工。

②观测墩选用C35混凝土浇筑。

③水准标石的表面、指示盘用字模刻印水准点点号,并用红油漆填写清楚。

④埋标工作完成后,仔细清理周围场地,必要时设立排水沟。

⑤若因现场条件所限,埋设土层水准标,应采用在基础加钢管的方式,或者增加标石的浇水频率,促使标石尽快稳定。

(3)水准点标石整饰

①水准点标面标示。

水准点标面标示及字体规格如图7.6-12所示,水准点标芯的标盘上篆刻"滇中引水工程"及"严禁破坏"等文字,其材质为304不锈钢。

图7.6-12 水准点标面标示及字体规格(单位:cm)

②水准点指示盘。

水准点指示盘规格及标示如图7.6-13所示,指示盘上标注"滇中引水工程"、"严禁搬动",以及水准点号与埋设时间等文字;水准点指示盘标示字体规格如图7.6-14所示;水准点小标盖规格如图7.6-15所示。

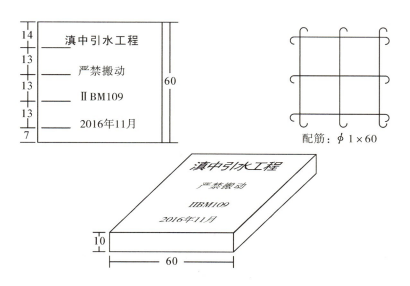

图 7.6-13　水准点指示盘规格及标示(单位:cm)

文字内容	大小规格		
滇中引水工程	滇	国	严
严禁搬动	严		
Ⅱ	Ⅲ	B	2
2016 年 11 月	B		

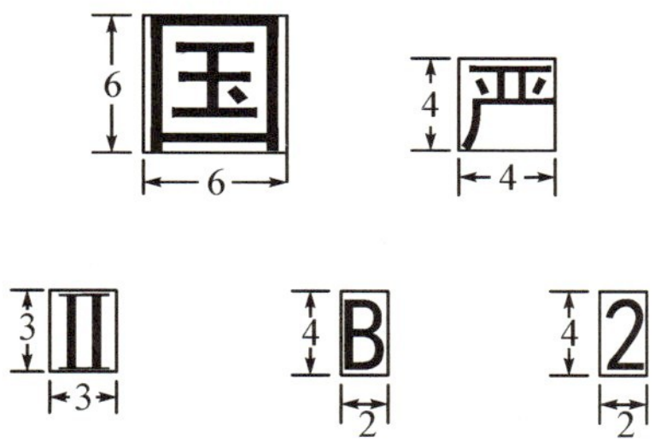

图 7.6-14　水准点指示盘标示字体规格图(单位:cm)

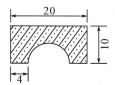

图 7.6-15　水准点小标盖规格图(单位:cm)

(4)点之记绘制

控制点埋标工作结束后,在现场按照统一规定的点之记格式绘制点之记,点之记的最后成果在计算机上按照统一规定的绘制模版绘制,文件的保存格式为∗.DWG。

第8章　平面施工控制网的建立

8.1　平面施工控制网的布设

滇中引水工程平面施工控制网分两级布设,一等平面控制网作为滇中引水工程平面施工控制网的基础框架,用于控制二等平面控制网的绝对精度和相对精度。二等平面控制网作为建筑物施工放样的首级施工控制网,主要布设在隧洞建筑物的进出口、支洞口、倒虹吸、暗涵、渡槽等建筑物的进出口等区域,便于施工放样和控制网的加密。一等平面控制网和二等平面控制网的建立采用具有强制归心装置的观测墩。

8.2　选点及观测墩建造

8.2.1　一等平面控制网点的选埋

按照实施方案要求,一等平面控制网平均按 40km 一点进行布设,在联合体 3 个单位的 2 个分界处各增加 1 点。全线共布设 17 座一等平面控制网点。一等平面控制网选点人员在实地选点之前,认真收集了测区附近的国家平面控制点、GNSS 框架点等数据,并充分了解和研究测区情况,特别是交通、通信、供电、气象和地质等情况。所有点位全部在岩石上埋设,同时考虑了以下因素:

1)便于安置 GNSS 接收机并进行操作,视野开阔,被测卫星的地平高度角大于 15°。

2)远离大功率无线电发射源(如电视台、电台、微波站等),其距离大于 200m;远离高压输电线和微波无线电信号传送通道,其距离大于 50m。

3)远离强烈反射卫星信号的物件(如大型建筑物等)。

4)交通方便,有利于其他测量手段进行扩展与联测。

5)点位附近的局部环境(地形、地貌、植被等)与周围的大环境保持一致,从而减少气象元素的代表性误差。

8.2.2　二等平面控制网点的选埋

1)二等平面控制网点是建筑物施工放样的首级施工控制网,选埋点时除了遵循一等平

面控制网点布设的一般原则外,还考虑了如下因素:

①控制点之间尽量保证多个方向通视。在通视条件困难的地方,至少保证支导线形式的通视。

②对直接用于施工放样的平面点,应考虑方便放样,靠近施工区并对主要建筑物的放样区组成有利的图形。

③对能够长期保存、离施工区较远的平面点,应考虑图形结构和便于加密。

④二等平面控制网的最短点间距不宜小于500m,在特别困难情况下不应小于200m。

2)由于滇中引水工程总干渠全部是建筑物头尾相接,二等平面控制网设计既要考虑各建筑物的特点,又要考虑邻近建筑物的衔接要求。建筑物网点设计依据以下原则进行布设:

①二等平面控制网点所选点位距建筑物进出口或支洞口不少于300m,与1~2个控制点通视,并尽量与建筑物进出口通视,并优选岩石标。

②隧洞建筑物:一般情况下,在每座隧洞的进口、出口、各支洞口(或斜井、竖井等)均布设4~5个控制点。当邻近两隧洞的出口与进口距离小于800m且通视条件较好时,两洞口整体考虑,根据现场地形条件布设4~6个控制点。

③倒虹吸、暗涵建筑物:一般情况下,在其进口、出口处各布设4个控制点,当进出口与其他建筑物进出口相距在800m以内时,与其他建筑物合并布设。

④渡槽建筑物:渡槽长度小于800m时与前后建筑物合并布设;当长度大于800m时,根据实际情况布设控制网。

⑤对已埋设平面点的建筑物,本次项目实施时不再埋设观测墩。

8.2.3　观测墩建造

平面控制网观测墩埋设时,严格按实施方案要求执行:

1)观测墩基础开挖深度和宽度不低于实施方案要求的尺寸。

2)PVC管、对中盘、基座水准点、点号和保护警示语的喷涂等均统一设计制作,从而保证了观测墩外观的一致。

3)观测墩选用C35混凝土浇筑,保证水泥、碎石、沙和水的数量、比例和质量,按设计使用钢筋加固,从而确保混凝土质量合格。

4)在浇筑过程中,将混凝土充分捣固,确保混凝土与PVC管内壁的紧密结合。

5)安置观测墩强制对中盘时,采用长水准气泡置平对中盘顶面,不平度小于4′。

6)埋标工作完成后,仔细清理周围场地,必要时设立排水沟。

观测墩原材料运输如图8.2-1所示,观测墩建造流程如图8.2-2所示,竣工如图8.2-3所示。

<table>
</table>

（a)牲畜运输　　　　　　　　　　　（b)人力运输

图 8.2-1　观测墩原材料运输

（a)基础开挖　　　　　　　　　　　（b)钢筋布设

（c)观测墩浇筑　　　　　　　　　　（d)观测墩保养

图 8.2-2　观测墩建造流程图

图 8.2-3　竣工图

8.2.4　点之记绘制

1）在选点埋设过程中详细绘制每个点位的点之记草图，并且利用定位软件，标注每一个点的具体位置，最终导出为 ＊.KML 文件，作为点位位置成果上交。由于二等平面控制网均按照建筑物分开布设，故在点之记交通路线图中尽量将同一建筑物的相邻点位标注出来，以方便施工单位直观了解点位分布情况。

2）现场记录各点位的名称、所在地、基坑深度、地质类别等相关信息，并拍摄竣工照片。

3）内业录入所有外业采集信息，并按照实施方案要求整理成 ＊.DWG 格式点之记，如图 8.2-4 所示。

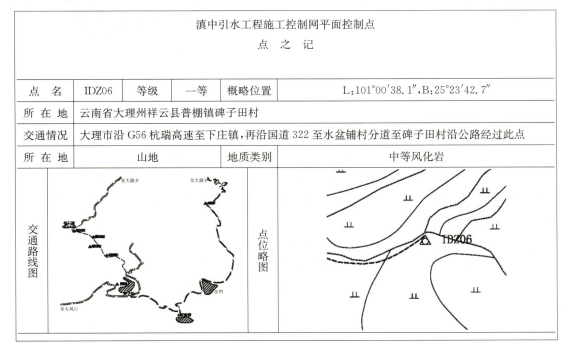

选点情况		埋石情况	
选点单位	长江勘测规划设计研究有限责任公司	埋石单位	长江勘测规划设计研究有限责任公司
选点员	邓小川	埋石员	韦斌
联测高程的方法	二等水准测量	日期	2017-01-14
标石断面图 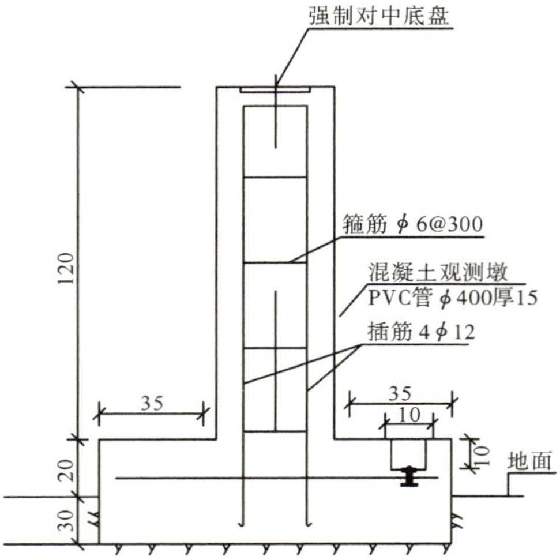		标石竣工照片 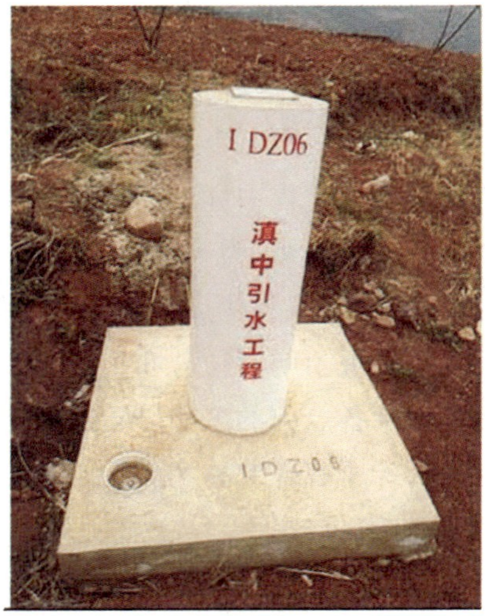	

图 8.2-4　点之记成果

8.2.5　布置图的绘制

根据外业记录的 kml 数据,转换为 dxf 文件,标注输水线路建筑物的位置和名称,绘制整个平面控制网点的布置图,经过修改和美化最终保存为.dwg 文件。效果如图 8.2-5 所示。

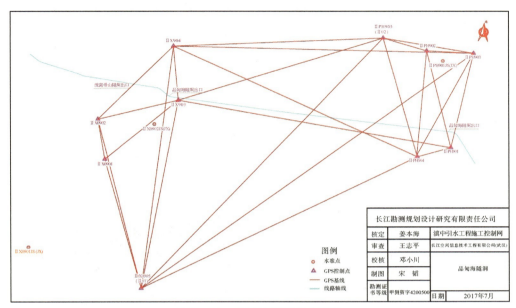

图 8.2-5　平面控制网点布置图

8.3　观测实施

8.3.1　采用仪器

根据《全球定位系统(GPS)测量规范》(GB/T 18314—2009)及《水利水电工程施工测量规范》(SL 52—2015),以及本项目平面控制网的精度要求,一、二等平面控制网 GNSS 观测接收机均采用双频接收机,其标称精度优于 5mm+1ppm。

8.3.2　观测实施

8.3.2.1　一等平面控制网观测

一等平面控制网计划观测 27 点,包括新埋一等平面控制网点 17 个,国家控制点 10 个。实际观测中联测了国家控制点 11 个,并联测了一个工程二等平面控制网点,共观测 29 点。一等平面控制网观测如图 8.3-1、表 8.3-1、表 8.3-2 所示。

2017 年 5 月 17—21 日,联合体统一安排进行了一等平面控制网的观测。共投入了 29 台 GNSS 接收机进行同步观测,观测实施按《全球定位系统(GPS)测量规范》(GB/T 18314—2009)中的 B 级观测要求执行。

每个时段的观测从第一天上午 9:00 开始到第二天上午 8:00 结束,连续观测 23 小时。在观测过程中,现场检查组发现 I DZ03 点与 I DZ05 点分别在第一时段与第二时段出现数据记录问题。因此，要求Ⅰ DZ01 至Ⅰ DZ05 的 5 个一等平面控制网点，以及Ⅰ栗草坝、Ⅱ肇碧山和Ⅱ大风丫口 3 个国家已知点，共 8 个点位补测了第四时段。

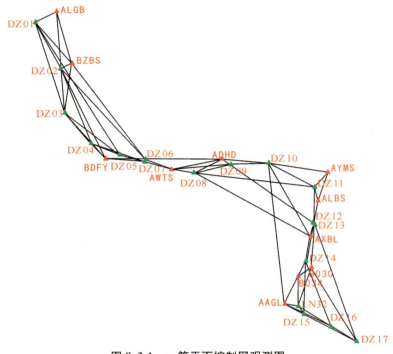

图 8.3-1　一等平面控制网观测图

表 8.3-1　　　　　　　　　　一等平面控制网观测情况表

序号	点名	点类型
1	Ⅰ DZ01	滇中引水一等平面控制网点
2	Ⅰ栗草坝	国家一等平面控制网点
3	Ⅰ DZ02	滇中引水一等平面控制网点
4	Ⅱ肇碧山	国家二等平面控制网点
5	Ⅰ DZ03	滇中引水一等平面控制网点
6	Ⅰ DZ04	滇中引水一等平面控制网点
7	Ⅱ大风丫口	国家二等平面控制网点
8	Ⅰ DZ05	滇中引水一等平面控制网点
9	Ⅰ DZ06	滇中引水一等平面控制网点
10	Ⅰ DZ07	滇中引水一等平面控制网点
11	Ⅰ歪头山	国家一等平面控制网点
12	Ⅰ DZ08	滇中引水一等平面控制网点

续表

序号	点名	点类型
13	Ⅰ大荒地	国家一等平面控制网点
14	ⅠDZ09	滇中引水一等平面控制网点
15	ⅠDZ10	滇中引水一等平面控制网点
16	Ⅰ野毛山	国家一等平面控制网点
17	ⅠDZ11	滇中引水一等平面控制网点
18	Ⅰ龙宝山	国家一等平面控制网点
19	ⅠDZ12	滇中引水一等平面控制网点
20	ⅠDZ13	滇中引水一等平面控制网点
21	Ⅰ小北龙	国家一等平面控制网点
22	ⅠDZ14	滇中引水一等平面控制网点
23	B030	国家B级GPS点
24	B034	国家B级GPS点
25	Ⅰ阿戛龙	国家一等平面控制网点
26	ⅠDZ15	滇中引水一等平面控制网点
27	ⅠDZ16	滇中引水一等平面控制网点
28	ⅠDZ17	滇中引水一等平面控制网点
29	ⅡLN032	滇中引水二等平面控制网点

表 8.3-2　一等平面控制网观测实施情况

时段号	观测点	观测开始时间 (年-月-日　时:分)	观测结束时间 (年-月-日　时:分)	有效观测 时段长度(h)	备注
1	所有29点	2017-05-17　9:00	2017-05-18　8:00	23	
2	所有29点	2017-05-18　9:00	2017-05-19　8:00	23	
3	所有29点	2017-05-19　9:00	2017-05-20　8:00	23	
4	ⅠDZ01～ⅠDZ05、Ⅰ栗草坝、Ⅱ肇碧山和Ⅱ大风丫口3个国家点,共8点	2017-05-20　9:00	2017-05-21　8:00	23h	补测

8.3.2.2　二等平面控制网观测

（1）大理段观测情况

大理段为大理Ⅰ段和大理Ⅱ段分别开展观测工作。

1）大理Ⅰ段观测。

大理Ⅰ段的二等平面控制网观测采用三角形连接方式联网,由西北向东南推进,自

ⅠDZ01 和ⅠDZ02 开始连接至ⅠDZ04,将二等平面控制网与一等平面控制网连接。

为了检测新控制网与原勘测设计阶段控制网的一致性,联测了原控制网的 D352、DZD283、DZD280、DZD265、DZD253、XS2#-1、XS2#-2、XS2#-3、XS2#-5 和 DS079 作为检核点。

为了确保二等平面控制网在大理段的正常衔接,在东南面联测了大理Ⅱ段的ⅡSZ011、ⅡSZ012、ⅡSZ013 和ⅡSZ014 作为检核点。大理Ⅰ段控制网观测如图 8.3-2 所示。

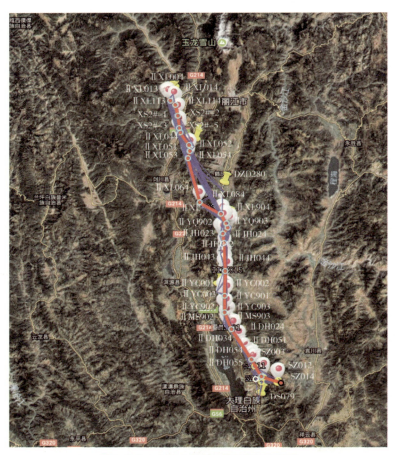

图 8.3-2　大理Ⅰ段控制网观测示意图

2)大理Ⅱ段观测。

大理Ⅱ段采用三角形连接方式联网,由东向西推进,自ⅠDZ06 和ⅠDZ07 开始连接至ⅠDZ04,将二等平面控制网与一等平面控制网连接。

为检测新控制网与原控制网的一致性,联测了原控制网的 DS098、DJ094、DJ096 和 DS104 作为检核点。

在网图西面的衔接区域,联测了大理Ⅰ段的ⅡSZ001、ⅡSZ002 和ⅡSZ003 作为检核点。东面为大理Ⅱ段与楚雄段的交界处,双方均挂接在一等平面控制网ⅠDZ06 和ⅠDZ07 上,并且联测了楚雄段的ⅡWJ011、ⅡWJ012、ⅡWJ013 和ⅡWJ014 四点作为检核点。大理Ⅱ段控制网观测如图 8.3-3 所示。

图 8.3-3 大理Ⅱ段控制网观测示意图

（2）楚雄段和昆明段观测情况

楚雄段和昆明段（至昆呈 13 号支洞）的二等平面控制网观测工作,采用三角形连接方式联网由楚雄段至昆明段推进,即自西向东方向,从楚雄段起点附近的一等点ⅠDZ06 和ⅠDZ07 联测至昆明段终点ⅠDZ012 和ⅠDZ013,中间将二等平面控制网与一等平面控制网连接,同时对同一建筑物的进出口位置进行了联测。

为了检测新控制网与原勘测设计阶段使用的 D 级 GPS 网的一致性和连续性,按楚雄至昆明段每隔 20km 的原则,联测了 15 个原勘测设计阶段 D 级 GPS 点。

为了保证二等平面控制网的衔接,楚雄段与大理Ⅱ段接边处联测了ⅠDZ06、ⅠDZ07、ⅡBC001 和ⅡBC902;昆明段与玉溪红河段接边处联测了ⅠDZ012、ⅠDZ013、ⅡKC142 和ⅡKC143。楚雄段和昆明段控制网观测如图 8.3-4 所示。

图 8.3-4 楚雄段和昆明段控制网观测示意图

（3）玉溪红河段观测情况

二等平面控制网观测采用边连接方式联网由北向南推进，控制网自ⅡKC141、ⅡKC142开始连至ⅡXY903、ⅡXY904，同时将二等平面控制网与一等平面控制网连接。在与昆明段邻接的昆呈隧洞区域联测了昆明段的ⅠDZ12、ⅠDZ13。

为检测新控制网与原控制网的一致性，按控制网分布情况，沿线分别联测了以前布设的晋宁六街的 D222、G047，江川的 B030，通海的 B034，小路南的 G085、E016，甸尾的 G096、G098，羊街的 G107、G108，个旧的 G0140、G0142 共 12 个 D 级 GPS 点作为检核点。玉溪红河段控制网观测如图 8.3-5 所示。

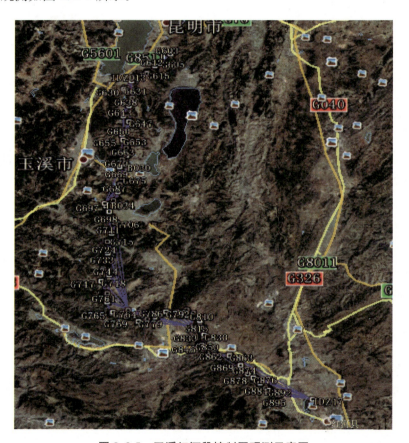

图 8.3-5　玉溪红河段控制网观测示意图

8.3.3　观测数据检验及整理

观测数据检验及整理的主要工作包括：

（1）天线高的检核

检查核对天线高的信息，包括天线的类型、天线高的量测方式、天线高数值等。

（2）RINEX 格式的转换

为了统一处理的方便，数据处理前，将原始数据转换为 RINEX 格式的数据。

（3）数据归类

一等平面控制网数据以时段号建立目录，将同一时段不同测站的数据拷贝至该目录下；二等平面控制网数据以数据处理区段建立目录，并拷贝数据。

（4）星历及 IGS 站数据的下载

一等平面控制网数据处理时，须在 IGS 网站下载联测期间的精密星历数据，以及 IGS 站数据。二等平面控制网数据处理可使用下载的或接收机获取的广播星历数据。

8.4 数据处理

8.4.1 数据处理方案

滇中引水工程施工控制网平面数据处理分为一等平面控制网数据处理与二等平面控制网数据处理两大部分。一等平面控制网与二等平面控制网的数据处理均包括：基线处理、起算点分析、三维无约束平差、三维约束平差、二维约束平差、施工测量坐标系统平差处理等步骤。

8.4.2 一等平面控制网基线解算

8.4.2.1 软件

一等平面控制网基线处理软件采用美国麻省理工学院（MIT）和 Scripps 研究所（SIO）共同研制的 GAMIT-GLOBK（Ver 10.6）软件。

8.4.2.2 星历

采用 IGS 精密星历。

8.4.2.3 起算数据

在基线解算中，起算点（基准站）坐标的精度将影响基线的精度。起算点对基线解算的最大影响可以用下式表示：

$$\delta s = 0.60 \times 10^{-4} \times D \times \delta X_1 \tag{8.1}$$

式中：δs——对基线的影响；

D ——基线的长度；

δX_1——起算坐标的误差。

滇中引水工程一等平面控制网的处理，以国际 GNSS 服务组织（IGS）站点作为 GPS 控制网基线解算的约束基准。

8.4.2.4　主要模型和参数

1）卫星钟差的模型改正（用精密星历中的钟差参数）；

2）接收机钟差的模型改正（用根据伪距观测值计算出的钟差）；

3）接收机天线相位中心随卫星高度角变化进行模型精确改正；

4）电离层折射影响用 LC 观测值消除；

5）对流层折射根据标准大气模型用 Saastamoinen 模型改正，采用分段线形的方法估算折射量偏差值；

6）对极移、岁差、章动、潮汐等地球物理效应进行模型改正；

7）截止高度角为 15°。

8.4.2.5　基线处理流程

观测数据质量是保证基线解算精度和可靠性的关键之一。因此，用 GAMIT 软件处理时，正确修正观测数据中的跳周和删除大残差观测值的数据编辑是 GPS 数据处理中的主要工作之一。

数据编辑采用 AUTCLN 模块自动进行。数据编辑工作完成后，生成干净的观测数据文件（X-文件），用于每时段基线解算。对于质量较差的数据，编辑采用 CVIEW 模块手工进行。

在完成以上工作的基础上，从干净的 X-文件开始，生成观测方程和解算基线，得出每个时段的解。

8.4.3　联测的国家控制点情况

滇中引水工程一等平面控制网测量时，共联测了 11 个国家平面已知点，其中包括国家一等平面控制网点 7 个，分别为"栗草坝、歪头山、大荒地、野毛山、龙宝山、小北龙、阿戛龙"，国家二等平面控制网点 2 个，分别为"肇碧山、大风丫口"，还有 B 级国家 GPS 点 2 个，为"B030、B034"点。

上述 11 个国家控制点均具有国家测绘地理信息局提供的 1954 北京坐标系平面坐标成果；具有 2000 国家大地坐标系平面坐标成果的有"栗草坝、歪头山、大荒地、龙宝山、小北龙、阿戛龙、B030、B034"8 个点；而具有 WGS84 三维坐标成果的只有 6 个点，具体如表 8.4-1 所示。

此外，在滇中引水工程一等平面控制网数据处理的过程中，还引入了 BJFS、SHAO、PIMO、CUSV、LHAZ、URUM、WUH2、CHAN 共 8 个 IGS 站点，并全部参与了工程的基线解算。而在工程的独立基线选取时，根据网型分布，确定使用 BJFS、SHAO、PIMO、CUSV、LHAZ 共 5 个 IGS 站点参与平差计算。

表 8.4-1 国家控制点的成果情况

序号	点名	等级	1954 北京坐标系	2000 国家大地坐标系	WGS84 三维坐标系
1	栗草坝	国家一等	√	√	√
2	歪头山	国家一等	√	√	√
3	大荒地	国家一等	√	√	√
4	野毛山	国家一等	√	—	—
5	龙宝山	国家一等	√	√	√
6	小北龙	国家一等	√	√	√
7	阿戛龙	国家一等	√	√	√
8	肇碧山	国家二等	√	√	—
9	大风丫口	国家二等	√	—	—
10	B030	国家 B 级	√	√	—
11	B034	国家 B 级	√	√	—

在一等平面控制网数据处理过程中,对上述控制点成果进行了兼容性分析。

(1)1954 北京坐标系成果兼容性分析

首先将所有的控制点的 1954 北京坐标系成果统一转换到经度为 101.5°中央子午线的独立坐标系统上。然后,固定工程首尾的"栗草坝"与"阿戛龙"两点的平面坐标,进行初步解算。

初步解算后,进行坐标数值比较,发现绝大部分点平差坐标与已知坐标的差值都控制在米级内,只有"野毛山"点的坐标差值达到了十米级以上,说明"野毛山"点成果有较大粗差,是首先放弃使用的已知点。

进一步地分析了各点位的设置及维护情况。其中,"栗草坝、大风丫口、龙宝山、B030、B034"点标型为观测墩或小方墩,是近年间进行了维护的控制点,成果较为可靠。而"小北龙"点虽未设置观测墩,但其坐标成果与多个已知点的兼容性都较好。再结合考虑各已知点的等级情况,决定使用"栗草坝"、"龙宝山"、"小北龙"这 3 个国家一等点作为 1954 北京坐标系成果的起算基准。固定上述 3 个已知点的坐标后,除"野毛山"点外,其他各点的平差坐标与已知坐标的差值控制在 0.7m 以内。

(2)2000 国家大地坐标系成果兼容性分析

首先将 8 个具有 2000 国家大地坐标系成果的控制点坐标统一转换到经度为 101.5°中央子午线的独立坐标系统上,然后类似于上述 1954 北京坐标系的分析方法,分析各已知点的 2000 国家大地坐标系成果的兼容性。

最终选择的起算点包括上述涉及的"栗草坝"、"龙宝山"两点。另外,还选择了工程中间区域的"大荒地"点与工程最末端的"阿夏龙"点,使起算点的分布尽量均匀。固定上述 4 个国家一等点的坐标后,其他各点的平差坐标与已知坐标的差值在 0.2m 以内。这也说明 2000 国家大地坐标系已知点的兼容性要优于 1954 北京坐标系的已知点。

（3）WGS84 三维坐标系成果兼容性分析

首先,对本工程参与平差的 5 个 IGS 站点的三维坐标系成果的兼容性进行分析。在 5 个站点中,BJFS 和 SHAO 两点分别处在华北及华南板块,其运动趋势较为一致,并且这两个 IGS 站点参与了 2000 国家大地坐标系的总体平差,其已知成果与 ITRF97 框架、2000.0 历元下的 2000 国家大地坐标系能保持一致。因此,本工程在对含有 IGS 站点的控制网进行三维约束平差计算时,使用 BJFS 与 SHAO 在 ITRF97 框架、2000.0 历元下的三维坐标作为约束基准。

在工程测量的精度范围内,2000 国家大地坐标系与 WGS84 坐标系最通用的 G1150 框架坐标是一致的。因此,在本工程中,由 IGS 站点推算获取的 2000 国家大地坐标系三维坐标成果可作为 WGS84 三维坐标系成果使用。而这套推算得出的 WGS84 坐标系成果可与国家测绘地理信息局提供的 WGS84 坐标系成果进行差值比较,进而分析已知坐标成果的兼容性。

IGS 站点推算的三维坐标成果与已知坐标成果的差值分析如表 8.4-2 所示,其中坐标分量差值是在 X、Y、Z 这 3 个方向上分别求取的差值,而点位差值是对 3 个方向的差值进行的绝对值统计。

表 8.4-2　　　　IGS 站点推算的三维坐标成果与已知坐标成果的差值分析

序号	点名	坐标分量差值（m）			点位差值（m）
		dX	dY	dZ	
1	栗草坝	−0.302	0.960	−0.207	1.027
2	歪头山	0.004	0.313	−0.141	0.343
3	大荒地	−0.115	0.176	−0.287	0.355
4	龙宝山	0.072	−0.272	−0.425	0.510
5	小北龙	−0.201	0.460	−0.066	0.506
6	阿夏龙	−0.084	−0.067	−0.251	0.273

从表 8.4-2 可以比较得出,歪头山、大荒地、阿夏龙 3 点的点位差值相对较小。这说明这 3 点与 IGS 站点推算坐标的吻合性相对较高,兼容性也相对较好。再考虑点位分布情况,后期在对不含有 IGS 站点的控制网进行三维约束平差计算时,使用了"大荒地、阿夏龙"2 点的坐标作为约束基准。

8.4.4　一等平面控制网平差计算

8.4.4.1　软件

一等平面控制网平差采用武汉大学测绘学院研制的 CosaGPS 软件。

8.4.4.2　平差采用的观测量

GPS 网采用 GAMIT-GLOBK 软件进行同步观测网的基线解算,平差时采用各同步观测网的独立基线向量及其全协方差矩阵作为观测量,独立基线的选取由程序选择结合人工干预完成,其选取原则为通过独立基线构成最简基本回路。

首先,对含有 IGS 站点的控制网选择独立基线。本工程引入的 IGS 站点共有 BJFS、SHAO、PIMO、CUSV、LHAZ、URUM、WUH2、CHAN 共 8 个,4 个时段的总基线数共达 2045 条。在进行独立基线选择时,考虑到网型分布,选用了其中 5 个 IGS 站点,确认参与三维平差的独立基线为 104 条。

其后,在二维约束平差中,起算点为国家一、二等控制点,不再使用 IGS 站点。因此,移除所有 IGS 站点后,参与二维约束平差的独立基线为 89 条。

8.4.4.3　三维无约束平差

三维无约束平差的目的主要有以下 3 个方面:一是进行粗差分析,以发现观测量中的粗差并消除其影响;二是调整观测量的方差分量因子,使其与实际精度相匹配;三是对整体网的内部精度进行检验和评估。

(1)粗差分析

由于 GPS 网平差采用了 GAMIT-GLOBK 软件的基线解及其全协方差矩阵作为观测量,这样不但基线向量的各分量之间存在着相关性,而且同步网各基线向量之间也存在着相关性。因此,粗差分析时依据"基于相关分析的粗差探测理论"进行。对于有粗差的基线采取的措施为:首先重新解算这些基线;如解算后仍较差,则对这些基线方差膨胀(等同于降权)后重新平差。

(2)观测量方差分量因子的调整

经过粗差分析、消除粗差影响后,三维无约束平差结果的验后单位权方差仍未通过 χ^2 检验,这是因为 GAMIT 软件的基线解的输出精度与其实际精度不匹配。处理时根据三维无约束平差的结果,对基线观测量的方差分量因子进行调整,在调整方差分量改正因子后,最终三维无约束平差结果的单位权中误差通过 χ^2 检验。

(3)三维无约束平差结果的精度分析

GPS 三维无约束平差的结果,能客观地反映了整个 GPS 网的内部符合精度。其精度情况统计见 7.5.1 的第(4)部分。

本工程的三维无约束平差分别对含有 IGS 站点的控制网，以及不含有 IGS 站点的控制网进行平差计算，起算点为国家一等点龙宝山。

8.4.4.4 三维约束平差

控制网的整体约束平差的目的是引入外部基准，将所有独立基线向量及其经调整后的协方差阵作为观测量，平差可消除因星历和网的传递误差引起的整网在尺度和方向上的系统性偏差。

滇中引水工程一等平面控制网的三维约束平差，首先是以 2 个 IGS 站点 BJFS、SHAO 在 ITRF97 框架、2000.0 历元下的三维坐标作为约束基准，对含有 IGS 站点的控制网进行三维约束平差计算，获取其他各点位在 ITRF97 框架、2000.0 历元下的三维坐标。这套坐标成果是中间性成果，用于对国家已知点的兼容性进行分析。

然后，以 2 个国家一等平面控制网点大荒地、阿戛龙在 WGS84 坐标系统下的三维坐标作为约束基准，对不含有 IGS 站点的控制网进行三维约束平差计算，获取其他各点的 WGS84 三维坐标成果。成果内容主要为经度、纬度与大地高成果，是本工程一等平面控制网最终的三维坐标成果。

8.4.4.5 二维约束平差

滇中引水工程一等平面控制网的二维约束平差使用不含有 IGS 站点的控制网进行平差计算。它包括在 1954 北京坐标系及 2000 国家大地坐标系的平差计算。

（1）1954 北京坐标系

首先，将"栗草坝"、"龙宝山"、"小北龙" 3 个国家一等平面控制网点的坐标设置为约束条件，平差获取滇中引水工程一等平面控制网各点在经度为 101.5°中央子午线独立坐标系统下的 1954 北京坐标系。该坐标成果是建立滇中引水施工坐标系统时要使用的中间成果。

（2）2000 国家大地坐标系

首先，将"栗草坝"、"龙宝山"、"大荒地"、"阿戛龙" 4 个国家一等平面控制网点的坐标设置为约束条件，平差获取了滇中引水工程一等平面控制网各点在经度为 101.5°中央子午线独立坐标系统下的 2000 国家大地坐标系成果。

然后，根据各点的分布，使用坐标转换方式，分别获取各点在 99°与 102°中央子午线区域的标准 3°带 2000 国家大地坐标系成果。

8.4.4.6 滇中引水工程施工测量坐标系的确定

滇中引水工程施工测量坐标系定义为挂靠在 1954 北京坐标系统 1°带分带方式下。将输水工程总干渠区域按其所覆盖的经度，统一按 1°带进行分带，将整 1°的子午线作为中央子午线，即使用 100°、101°、102°、103°为中央子午线。

为了控制工程的投影变形量，还须将观测边长投影至所选高程面上。高程面的选取在输水工程总干渠由西向东分别为 1900m、1870m、1810m、1600m 和 1500m 共 5 个投影高程

面,各投影高程面区段为:

(1)1900m 投影高程面

输水线路区段为:大理Ⅰ段起点(0+000)～大理Ⅱ段(114+555)～大理Ⅱ段终点板凳山渡槽出口(218+627);为 100°～101°中央子午线区域,1°带分界在狮子山隧洞出口。

(2)1870m 投影高程面

输水线路区段为:楚雄段起点(218+627)～楚雄段大转弯隧洞入口(271+298);为 101°中央子午线区域。

(3)1810m 投影高程面

输水线路区段为:楚雄段大转弯隧洞入口(271+298)～昆明段起点(361+462)～玉溪红河段起点(477+591)～玉溪红河段曲江消能电站进口(552+287);为 102°～103°中央子午线区域,1°带分界在松林隧洞出口。

其中,在 1810m 投影面有 3 种类型的坐标成果:

①楚雄段与昆明段是直接使用 1810m 投影面的椭球膨胀方法。

②玉溪红河段小扑隧洞进口(477+591)～玉溪红河段阿斗村隧洞进口(509+974),为了与前期成果衔接,在 1900m 投影面的椭球膨胀坐标基础上,再垂直投影到 1810m 的投影面上。

③玉溪红河段阿斗村隧洞进口(509+974)～玉溪红河段曲江消能电站进口(552+287),也为了与前期成果衔接,在 1500m 投影面的椭球膨胀坐标基础上,再垂直投影到 1810m 的投影面上。

(4)1600m 投影高程面

输水线路区段为:玉溪红河段曲江消能电站进口(552+287)～玉溪红河段曲江倒虹吸出口(554+659),为 103°中央子午线区域。为了与前期坐标衔接,本段也是在 1500m 投影面的椭球膨胀坐标基础上,再垂直投影到 1600m 的投影面上。

(5)1500m 投影高程面

输水线路区段为:玉溪红河段曲江倒虹吸出口(554+659)～玉溪红河段终点(663+234)渠尾,是 103°中央子午线区域。

上述工程投影面设置情况汇总如表 8.4-3 所示。

表 8.4-3   工程投影面设置情况

1°带区域	投影面(m)	输水线路区段
100°区域	1900	大理Ⅰ段起点(0+000)～大理Ⅱ段狮子山隧洞出口(169+776)
101°区域1		大理Ⅱ段狮子山隧洞出口(169+776)～大理Ⅱ段终点板凳山渡槽出口(218+627)

1°带区域	投影面(m)	输水线路区段
101°区域2	1870	楚雄段起点(218＋627)～楚雄段大转弯隧洞入口(271＋298)
102°区域	1810	楚雄段大转弯隧洞入口(271＋298)～昆明段松林隧洞出口(392＋082)
103°区域1		昆明段松林隧洞出口(392＋082)～昆明段终点(477＋591)
103°区域2	1810(由1900m垂直投影)	玉溪红河段起点(477＋591)～玉溪红河段阿斗村隧洞进口(509＋974)
103°区域3	1810(由1500m垂直投影)	玉溪红河段阿斗村隧洞进口(509＋974)～玉溪红河段曲江消能电站进口(552＋287)
103°区域4	1600(由1500m垂直投影)	玉溪红河段曲江消能电站进口(552＋287)～玉溪红河段曲江倒虹吸出口(554＋659)
103°区域5	1500	玉溪红河段曲江倒虹吸出口(554＋659)～玉溪红河段终点(663＋234)渠尾

8.4.4.7　滇中引水施工测量坐标系的建立

在建立施工测量坐标系时,首先用坐标转换方式将二维约束平差获取的101.5°中央子午线下的1954北京坐标成果,转换为上述的施工坐标系统的1°带具有工程投影面的坐标成果,再使用该施工坐标系统成果,与工程前期的线路控制点及试验工程控制点成果进行比对,得到试验工程坐标差值最大达0.82m,线路控制点的坐标差值最大为1.2m。该坐标成果难以满足后期的设计施工需求。

基于上述情况,需要对成果进行调整,建立能满足工程应用需求的施工坐标系统。具体方法为:

(1)坐标微调

在控制成果差值较大的区域,对部分一等平面控制网点的坐标进行了差值微调,在满足二等平面控制网精度要求的前提下尽量与前期成果保持一致。坐标微调的一等平面控制网点包括大理Ⅰ段的ⅠDZ01与ⅠDZ04,大理Ⅱ段与楚雄段交接区域的ⅠDZ06与ⅠDZ07,昆明段与玉溪红河段交接区域的ⅠDZ12与ⅠDZ13,以及玉溪红河段的ⅠDZ17。

(2)子网平差

将进行了坐标改正的7个一等平面控制网点的坐标,使用坐标转换方式,重新转换为101.5°中央子午线的独立系统坐标,并分别作为约束条件,分3个子网重新进行二维约束平差,具体平差方式如表8.4-4所示。其中,在第3个子网"玉溪红河段"平差时,还引入了国家控制点B034,将它的已知坐标也作为约束条件。

表 8.4-4　　　　　　　　　　　　　一等平面控制网的子网平差

子网划分	约束的坐标点	平差获取点
大理Ⅰ段与大理Ⅱ段	ⅠDZ01、ⅠDZ04、ⅠDZ06、ⅠDZ07	ⅠDZ02、ⅠDZ03、ⅠDZ05
楚雄段与昆明段	ⅠDZ06、ⅠDZ07、ⅠDZ12、ⅠDZ13	ⅠDZ08、ⅠDZ09、ⅠDZ10、ⅠDZ11
玉溪红河段	ⅠDZ13、ⅠDZ17、B034	ⅠDZ14、ⅠDZ15、ⅠDZ16

（3）坐标转换

将上述获取了新坐标的 17 个一等平面控制网点及 B034 点，通过坐标转换的方式转换为施工坐标系统的 1°带具有工程投影面的坐标成果。分区与点位的对应关系如表 8.4-5 所示。由于 B034 点离曲江消能建筑物距离较近,可作为该区域二等平面控制网的平差起算点。因此,将该点也纳入了一等平面控制网点的施工坐标系统成果中。总共为 18 个一等平面控制网点,分布于 9 个施工坐标系统区域内。

表 8.4-5　　　　　　　　　　分区与一等平面控制网点的对应关系

序号	1°带区域	投影面(m)	一等平面控制网点
1	100°区域	1900	ⅠDZ01、ⅠDZ02、ⅠDZ03、ⅠDZ04、ⅠDZ05
2	101°区域 1		ⅠDZ04、ⅠDZ05、ⅠDZ06、ⅠDZ07
3	101°区域 2	1870	ⅠDZ06、ⅠDZ07、ⅠDZ08、ⅠDZ09
4	102°区域	1810	ⅠDZ08、ⅠDZ09、ⅠDZ10、ⅠDZ11
5	103°区域 1		ⅠDZ10、ⅠDZ11、ⅠDZ12、ⅠDZ13、ⅠDZ14
6	103°区域 2	1810(由 1900m 垂直投影)	ⅠDZ13、ⅠDZ14
7	103°区域 3	1810(由 1500m 垂直投影)	ⅠDZ14、B034
8	103°区域 4	1600(由 1500m 垂直投影)	ⅠDZ14、B034、ⅠDZ15
9	103°区域 5	1500	B034、ⅠDZ15、ⅠDZ16、ⅠDZ17

8.4.5　二等平面控制网基线解算

8.4.5.1　软件

二等平面控制网基线处理软件采用 Trimble 公司的 TBC（Trimble Business Center）软件。

8.4.5.2　星历

采用广播星历。

8.4.5.3　起算数据

以滇中引水工程一等平面控制网点坐标为起算数据。

8.4.5.4　主要模型和参数

1)卫星钟差的模型改正(用广播星历中的钟差参数);

2)接收机钟差的模型改正(用根据伪距观测值计算出的钟差);

3)电离层折射影响用 LC 观测值消除;

4)对流层折射根据标准大气模型用 Hopfiled 模型改正。

5)截止高度角为 15°。

8.4.6　二等平面控制网平差计算

8.4.6.1　软件

二等平面控制网平差采用武汉大学测绘学院研制的 CosaGPS 软件。

8.4.6.2　平差采用的观测量

二等平面控制网的平差分别使用各区段联测的基线。

8.4.6.3　三维平差

二等平面控制网的平差计算时,首先在 WGS84 坐标系统下进行三维无约束平差,以衡量 GPS 内符合精度,剔除含有粗差的基线。然后利用所联测的一等平面控制网点的三维坐标作为约束基准进行平差计算,得到各点在 WGS84 坐标系统的三维坐标。

8.4.6.4　二维平差

利用一等平面控制网的 2000 国家大地坐标系和 1954 北京坐标系的成果,分别对二等平面施工网进行整体平差计算,得到两套坐标系下的控制成果,保持与国家平面坐标系统的联系。

8.4.6.5　滇中引水工程施工测量坐标系计算

利用一等平面控制网点的滇中引水工程施工测量坐标系成果为起算数据,计算二等平面控制网的施工测量坐标系成果。

8.5　质量统计和精度分析

8.5.1　一等平面控制网质量统计和精度分析

(1)同步环检核

一等平面控制网数据处理时,GAMIT 软件采用的是网解(即全组合解),其同步环闭合差在基线解算时已经进行了分配。对于 GAMIT 软件基线解的同步环检核,可以把基线解的 nrms 值作为同步环质量好坏的一个指标,一般要求 nrms 值小于 0.5,不能大于 1.0。

本工程一等平面控制网共有 4 个时段(表 8.5-1),是对 4 个时段的基线精度的分别统计。各时段基线的 nrms 值都小于 0.2,这说明 GPS 网的整体外业观测质量高,基线解的精度好。

表 8.5-1　　　　　　　　　　一等平面控制网基线处理精度统计情况

时段	基线文件	nrms 值
1	odz1370a.1370	0.18020
2	odz1380a.1380	0.18256
3	odz1390a.1390	0.18136
4	odz1400a.1400	0.18263

(2)异步环检核

GPS 同步环闭合差和异步环闭合差的大小可反映 GPS 外业观测质量和基线解算质量的可靠性。同步环闭合差反映的是一个同步环数据质量的好坏,而异步环闭合差反映的是整个 GPS 网的外业观测质量和基线解算质量的可靠性,相对于同步环闭合差,异步环闭合差对 GPS 成果质量更为重要。

对于滇中引水工程一等平面控制网,共检核异步环 630 个,统计情况如表 8.5-2、表 8.5-3 所示。

表 8.5-2　　　　　　　　　　一等平面控制网异步环统计情况

项目	闭合差(mm)	ΔX(mm)	ΔY(mm)	ΔH(mm)	相对闭合差范围(ppm)	备注
最优环	0.000	0.000	0.000	0.000	0.00	合格
最差环	18.190	2.000	−15.900	−8.600	0.03	合格
平均环	0.412	0.032	−0.012	−0.031		合格

表 8.5-3　　　　　　　　　　一等网异步环分段统计情况

相对闭合差范围(ppm)	环个数	比例(%)
0～0.01	554	99.7
0.01～0.03	329	0.3

从统计数据可以看出,环闭合差全部在合格范围内,环闭合差最大为 18.19mm,0.03ppm,并有 99.7% 的环闭合差分布在小于 0.01ppm 的范围之内,说明异步环的精度极高,完全能满足一等平面控制网的精度要求。

(3)重复基线检核

各时段解向量的重复性反映了基线解的内部精度,是衡量基线解质量的一个重要指标。其定义为:

$$R = \left[\frac{\frac{n}{n-1} \sum\limits_{i=1}^{n} \frac{(c_i - \bar{C})^2}{\sigma_i^2}}{\sum\limits_{i=1}^{n} \frac{1}{\sigma_i^2}} \right]^{\frac{1}{2}} \tag{8.1}$$

式中：c_i——各时段解基线的各分量；

σ_i^2——相应分量的协方差；

$\bar{C}$——相应基线分量的加权平均值；

R——相应的重复性。

整网的重复精度可用固定误差和比例误差两部分表示，即

$$\sigma = a + bl \tag{8.2}$$

式中：σ——分量的重复性精度指标；

a——分量的固定误差；

b——相对误差；

l——基线的长度，由分量的重复性进行固定误差与比例误差的直线拟合得到。

该网共有重复基线 666 组，基线向量重复性统计如表 8.5-4 所示。

表 8.5-4　　　　　　　　　　　　基线向量重复性统计表

南北方向 $(mm + 10^{-8})$		东西方向 $(mm + 10^{-8})$		垂直方向 $(mm + 10^{-8})$		基线长度 $(mm + 10^{-8})$	
a	b	a	b	a	b	a	b
1.22	0.41	0.99	0.03	3.70	0.09	1.10	0.03

从表 8.5-4 可知，一等平面控制网的基线重复性精度很高，在南北方向上为 $1.22mm + 0.41 \times 10^{-8} \times D$，东西方向上为 $0.99mm + 0.03 \times 10^{-8} \times D$，垂直方向为 $3.70mm + 0.09 \times 10^{-8} \times D$，基线长度方向为 $1.10mm + 0.03 \times 10^{-8} \times D$。基线处理的精度达到了技术设计的要求。此外，在 CosaGPS 软件中进行重复性检验后也全部合格。

（4）三维无约束平差精度分析

在 WGS84 椭球下进行一等平面控制网的三维无约束平差。首先，对含有 IGS 站点的控制网进行三维无约束平差，其中的独立基线有 104 条，其计算情况如表 8.5-5 所示。

表 8.5-5　　　　　　　　含有 IGS 站点控制网三维无约束平差情况表

平差后三维坐标最弱点				
点名	MX(cm)	MY(cm)	MZ(cm)	MP(cm)
PIMO	0.25	0.54	0.29	0.66

续表

三维基线向量残差					
各分量残差最大值	V_DX(cm)	V_DY(cm)	V_DZ(cm)	限差(cm)	备注
V_DX_max	1.59	−2.9	−1.04	545.14	合格
V_DY_max					
V_DZ_max					
最弱边相对中误差					
起始点	终止点	S(m)	MS(cm)	MS/S	相对闭合差范围(ppm)
B030	DZ14	2507.463	0.07	1/3617000	0.28

从表 8.5-5 可以看出，三维基线向量残差合格率为 100％，最弱边相对中误差为 1/3617000，三维无约束平差结果可靠，精度高，观测效果好。

然后，对无 IGS 站点的控制网进行三维无约束平差，其中的独立基线只有 89 条。其计算情况如表 8.5-6 所示。

表 8.5-6 　　　　　　　　　无 IGS 站点控制网三维无约束平差情况表

平差后三维坐标最弱点				
点名	MX(cm)	MY(cm)	MZ(cm)	MP(cm)
ALCB	0.23	0.67	0.34	0.79

三维基线向量残差					
各分量残差最大值	V_DX(cm)	V_DY(cm)	V_DZ(cm)	限差(cm)	备注
V_DX_max	0.65	0.09	−0.16	51.65	合格
V_DY_max	0.03	0.91	0.29	13.5	合格
V_DZ_max	0.29	−0.65	−0.59	32.48	合格

最弱边相对中误差					
起始点	终止点	S(m)	MS(cm)	MS/S	相对闭合差范围(ppm)
BZBS	DZ02	5827.031	0.07	1/8337000	0.12

从表 8.5-6 可以看到，去除 IGS 站点后的三维基线向量残差合格率也是 100％，最弱边相对中误差为 1/8337000，精度进一步提高。

（5）三维约束平差精度分析

首先，对 2 个 IGS 站点 BJFS、SHAO 起算的三维约束平差情况进行精度分析，其计算情况如表 8.5-7 所示。

表 8.5-7　　　　　　　　　　　含有 IGS 站点控制网三维约束平差情况表

平差后三维坐标最弱点				
点名	MX(cm)	MY(cm)	MZ(cm)	MP(cm)
CUSV	0.41	1.08	0.52	1.27
三维基线向量残差				
各分量残差最大值	V_DX(cm)	V_DY(cm)	V_DZ(cm)	限差(cm)	备注
V_DX_max	−1.57	4.55	1.91	664.23	合格
V_DY_max	−0.81	4.98	3.52	631.67	合格
V_DZ_max	−1.04	4.49	3.6	610.82	合格
最弱边相对中误差				
起始点	终止点	S(m)	MS(cm)	MS/S	ppm
B030	DZ14	2507.463	0.16	1/1536000	0.65

从表 8.5-7 可以看出,最弱点的点位中误差为 1.27cm,三维基线向量残差合格率为 100%,最弱边相对中误差为 1/1536000,说明三维约束平差精度高,观测效果良好。

然后,约束 2 个国家一等平面控制网点大荒地、阿戛龙的坐标,对无 IGS 站点的控制网三维约束平差,其计算情况如表 8.5-8 所示。

表 8.5-8　　　　　　　　　　　无 IGS 站点控制网三维约束平差情况表

平差后三维坐标最弱点				
点名	MX(cm)	MY(cm)	MZ(cm)	MP(cm)
ALCB	1.62	4.92	2.55	5.78
三维基线向量残差				
各分量残差最大值	V_DX(cm)	V_DY(cm)	V_DZ(cm)	限差(cm)	备注
V_DX_max					
V_DY_max	1.70	−13.10	2.00	48.10	合格
V_DZ_max					
最弱边相对中误差				
起始点	终止点	S(m)	MS(cm)	MS/S	ppm
BZBS	DZ02	5827.032	0.65	1/895000	1.12

从表 8.5-8 可以看出,最弱点的点位中误差为 5.78cm,三维基线向量残差合格率为 100%,最弱边相对中误差为 1/895000,能满足工程使用需要。但用国家控制点起算的三维约束平差精度相比于 IGS 站点起算的约束平差精度有所下降,这也说明在本工程区域的国家控制点兼容性不佳,直接导致了网平差精度的降低。

（6）二维约束平差精度分析

二维约束平差精度分析分别在 1954 北京坐标系及 2000 国家大地坐标系进行。

1）1954 北京坐标系。

将"栗草坝"、"龙宝山"、"小北龙"3 个国家一等平面控制网点的坐标设置为约束条件，平差获取滇中引水工程一等平面控制网各点在 101.5°中央子午线独立坐标系统下的 1954 北京坐标系，该坐标是建立滇中引水工程施工坐标系统时要使用的中间成果，其平差情况如表 8.5-9 所示。

表 8.5-9　　　　国家点起算 1954 北京坐标系的二维约束平差情况表

平差后二维坐标最弱点			
点名	MX（cm）	MY（cm）	MP（cm）
DZ17	0.43	0.46	0.63
二维基线向量残差			
各分量残差最大值	V_DX（cm）		V_DY（cm）
V_DX_max	3.11		0.96
V_DY_max			
最弱边相对中误差					
起始点	终止点	S（m）	MS（cm）	MS/S	ppm
BZBS	DZ02	5824.1759	0.29	1/2020000	0.49

从表 8.5-9 可以看出，最弱点平面位置中误差为 0.63cm，最弱边相对中误差为 1/2020000，说明二维约束平差结果可靠，成果总体精度高。

2）2000 国家大地坐标系。

将"栗草坝"、"龙宝山"、"大荒地"、"阿戛龙"4 个国家一等平面控制网点的坐标设置为约束条件，平差获取了滇中引水工程一等平面控制网各点在 101.5°中央子午线独立坐标系统下的 2000 国家大地坐标系成果，再基于此成果坐标转换获取标准 3°带成果。其平差情况如表 8.5-10 所示。

表 8.5-10　　　　2000 国家大地坐标系的二维约束平差情况表

平差后二维坐标最弱点		
点名	MX（cm）	MY（cm）	MP（cm）
DZ05	0.50	0.53	0.73
二维基线向量残差		
各分量残差最大值	V_DX（cm）	V_DY（cm）
V_DX_max	2.40	0.27

续表

最弱边相对中误差					
起始点	终止点	S(m)	MS(cm)	MS/S	ppm
V_DY_max	−0.47	1.21			
BZBS	DZ02	5824.2473	0.13	1/1600000	0.62

从表 8.5-10 可以看出,最弱点平面位置中误差为 0.73cm,最弱边相对中误差为 1/1600000,二维约束平差结果可靠,成果总体精度高。

(7)滇中引水工程施工测量坐标系成果精度分析

在建立滇中引水工程施工测量坐标系时,将一等平面控制网分成了大理Ⅰ段与大理Ⅱ段、楚雄段与昆明段、玉溪红河段 3 个子网分别进行二维约束平差,再基于约束平差成果转换获取工程坐标系成果。

将 3 个子网的平差情况进行统计分析如表 8.5-11 至表 8.5-13。其中,表 8.5-11 是各子网的平面最弱点统计结果,表 8.5-12 是各子网的二维基线向量残差统计结果,表 8.5-13 是各子网的最弱边相对中误差统计结果。

表 8.5-11 平面最弱点统计表

子网划分	点名	MX(cm)	MY(cm)	MP(cm)
大理Ⅰ段与大理Ⅱ段	ALCB	1.06	1.10	1.53
楚雄段与昆明段	AYMS	1.25	1.34	1.83
玉溪红河段	AXBL	0.80	0.85	1.16

表 8.5-12 二维基线向量残差统计表

子网划分	V_DX_max(cm)	V_DY_max(cm)
大理Ⅰ段与大理Ⅱ段	−4.04	−5.09
楚雄段与昆明段	7.11	−1.00
玉溪红河段	−1.62	−1.35

表 8.5-13 最弱边相对中误差统计表

子网区域	最弱边	最弱边相对中误差	相对闭合差范围(ppm)
大理Ⅰ段与大理Ⅱ段	ALCB-DZ01	1/2122000	0.47
楚雄段与昆明段	AXBL-DZ13	1/1030000	0.97
玉溪红河段	DZ15-LN32	1/2285000	0.47

从表 8.5-11 至表 8.5-13 中可以看出,3 个子网的最弱点平面位置中误差为 1.83cm,最大基线向量残差达 7.11cm,最弱边相对中误差为 1/1030000,成果总体精度满足工程要求。

8.5.2　二等平面控制网质量统计和精度分析

8.5.2.1　大理Ⅰ段与大理Ⅱ段

（1）环闭合差检核

根据 CosaGPS 软件统计结果，共产生 1515 个闭合环，合格率 100%，具体统计数据如表 8.5-14、表 8.5-15 所示。

表 8.5-14　　　　　　　　　　大理Ⅰ段与大理Ⅱ段环闭合差统计表

项目	闭合差（m）	ΔX（m）	ΔY（m）	ΔH（m）	相对闭合差范围（ppm）	备注
最优环	0.000	0.000	0.000	−0.001	0.02	合格
最差环	0.284	0.058	−0.236	−0.156	12.50	合格
平均环	0.007	0.075	0.024	0.016	2.06	合格

表 8.5-15　　　　　　　　　　大理Ⅰ段与大理Ⅱ段环闭合差分段统计表

相对闭合差范围（ppm）	环个数	比例（%）
0～1	622	41.06
1～2	353	23.30
2～3	209	13.80
3～4	117	7.72
＞4	214	14.13

从表 8.5-14、表 8.5-15 可以看出，环闭合差最大为 12.50ppm，85.88% 的环闭合差分布在小于 4ppm 的范围之内，说明闭合环的质量较高，可以满足二等平面控制网的技术设计要求。

（2）重复基线检核

按照技术设计和规范的要求，利用 CosaGPS 软件对基线进行重复基线较差的检验，重复基线 2007 条检验结果全部合格，统计情况如表 8.5-16、表 8.5-17 所示。

表 8.5-16　　　　　　　大理Ⅰ段与大理Ⅱ段重复基线较差统计表　　　　　　　（单位：m）

项目	起点点名	终点点名	较差	限差	结论
最小重复基线较差	E049	E036	0.001	0.040	合格
最大重复基线较差	E040	E061	0.027	0.142	合格

表 8.5-17   大理Ⅰ段与大理Ⅱ段重复基线分段统计表

重复基线较差范围(mm)	基线数量	比例(%)
0~5	1043	51.97
5~10	444	22.12
10~15	254	12.66
>15	266	13.25

从表 8.5-16、表 8.5-17 可以看出,最大重复基线较差为 27mm,86.75% 的基线较差在 15mm 的范围之内,说明重复基线的质量较高,可以满足二等平面控制网的技术设计要求。

(3)三维无约束平差精度分析

在 WGS84 椭球下进行三维无约束平差,计算情况如表 8.5-18 所示。

表 8.5-18   大理Ⅰ段与大理Ⅱ段三维无约束平差计算情况

平差后三维坐标最弱点				
点名	MX(cm)	MY(cm)	MZ(cm)	MP(cm)
G028	0.69	2.20	1.28	2.64
三维基线向量残差				
各分量残差最大值	V_DX(cm)	V_DY(cm)	V_DZ(cm)	限差(cm)	备注
V_DX_max	−5.44	15.55	8.31	56.19	合格
V_DY_max	2.84	−19.64	−10.3	23.49	合格
V_DZ_max	4.69	−15.47	−11.8	29.24	合格
最弱边相对中误差				
起始点	终止点	S(m)	MS(cm)	MS/S	ppm
G134	G135	250.618	0.12	1/202000	4.95

从表 8.5-18 可以看出,三维基线向量残差合格率为 100%,最弱边相对中误差为 1/202000,高于规范要求 1/150000,说明三维无约束平差结果可靠,精度较高,观测效果良好。

(4)三维约束平差精度分析

在 WGS84 椭球下进行三维约束平差,约束点位 DZ01、DZ02、DZ04、DZ05、DZ06 及 DZ07 的坐标,计算情况如表 8.5-19 所示。

表 8.5-19　　　　　　　　　大理Ⅰ段与大理Ⅱ段三维约束平差计算情况

平差后三维坐标最弱点				
点名	MX(cm)	MY(cm)	MZ(cm)	MP(cm)
G028	0.53	1.43	0.93	1.78
V_DX_max	4.88	−12.21	−4.47	17.7	合格
V_DY_max	3.44	−20.45	−10.81	23.49	合格
V_DZ_max	4.39	−15.12	−11.63	29.24	合格
最弱边相对中误差				
起始点	终止点	S(m)	MS(cm)	MS/S	ppm
G134	G15	250.618	0.13	1/194000	5.17

从表 8.5-19 可以看出,最弱点的点位中误差为 1.78cm,三维基线向量残差合格率为 100%,最弱边相对中误差为 1/194000,高于规范要求的 1/150000,说明三维约束平差结果可靠,精度较高,观测效果良好。

(5)2000 国家大地坐标系二维约束平差精度分析

2000 国家大地坐标系按 99°和 102°两个投影带分别进行二维约束平差,其中 99°带下固定 DZ01、DZ02、DZ03、DZ04 和 DZ05,102°带下固定 DZ04、DZ05、DZ06 和 DZ07,精度统计和分析也按投影带分别进行。表 8.5-20 给出平面最弱点统计结果,表 8.5-21 给出二维基线向量残差统计结果,表 8.5-22 给出最弱边相对中误差统计结果。经分析,各项指标均满足规范要求。

表 8.5-20　　　大理Ⅰ段与大理Ⅱ段 2000 国家大地坐标系平面最弱点统计表

投影带	点名	MX(cm)	MY(cm)	MP(cm)
99°带	G028	0.48	0.50	0.69
102°带	G028	0.69	0.74	1.02

表 8.5-21　　大理Ⅰ段与大理Ⅱ段 2000 国家大地坐标系二维基线向量残差统计表

投影带	V_DX_max(cm)	V_DY_max(cm)
99°带	−6.86	6.08
102°带	6.67	−6.28

表 8.5-22　　大理Ⅰ段与大理Ⅱ段 2000 国家大地坐标系最弱边相对中误差统计表

投影带	最弱边	最弱边相对中误差	ppm
99°带	G016-G018	1/183000	5.44
102°带	G016-G018	1/174000	5.73

从表 8.5-20 至表 8.5-21 可以看出,最弱点的点位误差为 1.02cm,最弱边相对中误差为 1/174000,高于规范要求 1/150000,说明二维网平差结果可靠,成果总体精度较高。

(6)1954 北京坐标系二维约束平差精度分析

1954 北京坐标系分别按 99°和 102°两个投影带分别进行二维约束平差,其中 99°带下固定 DZ01、DZ02、DZ03、DZ04 和 DZ05,102°带下固定 DZ04、DZ05、DZ06 和 DZ07,精度统计和分析也按投影带分别进行。表 8.5-23 给出平面最弱点统计结果,表 8.5-24 给出二维基线向量残差统计结果,表 8.5-24 给出最弱边相对中误差统计结果。经分析,各项指标均满足规范要求。

表 8.5-23　　　　　大理Ⅰ段与大理Ⅱ段 1954 北京坐标系平面最弱点统计表

投影带	点名	MX(cm)	MY(cm)	MP(cm)
99°带	G028	0.47	0.59	0.69
102°带	G028	0.67	0.72	0.98

表 8.5-24　　　　大理Ⅰ段与大理Ⅱ段 1954 北京坐标系二维基线向量残差统计表

投影带	V_DX_max(cm)	V_DY_max(cm)
99°带	−6.87	−6.21
102°带	6.67	−6.28

表 8.5-25　　　　大理Ⅰ段与大理Ⅱ段 1954 北京坐标系最弱边相对中误差统计表

投影带	最弱边	最弱边相对中误差	相对闭合差范围(ppm)
99°带	G016—G018	1/182000	5.47
102°带	G016—G018	1/180000	5.54

从表 8.5-23 至表 8.5-25 可以看出,最弱点的点位误差为 0.98cm,最弱边相对中误差为 1/180000,高于规范要求 1/150000,说明二维网平差结果可靠,成果总体精度较高。

(7)滇中引水工程施工测量坐标系的二维平差精度分析

平面控制网按 100°和 101°两个投影带分别进行二维约束平差,精度统计和分析也按投影带分别进行。表 8.5-26 给出平面最弱点统计结果,表 8.5-27 给出二维基线向量残差统计结果,表 8.5-28 给出最弱边相对中误差统计结果。经分析,各项指标均满足规范要求。

表 8.5-26　　　　　大理Ⅰ段与大理Ⅱ段滇中坐标系平面最弱点统计表

投影带	点名	MX(cm)	MY(cm)	MP(cm)
100°带—1900m 投影面	G028	0.50	0.53	0.73
101°带—1900m 投影面	G028	0.67	0.72	0.98

表 8.5-27　　　　大理Ⅰ段与大理Ⅱ段滇中坐标系二维基线向量残差统计表

投影带	V_DX_max(cm)	V_DY_max(cm)
100°带—1900m 投影面	−7.23	−6.81
101°带—1900m 投影面	6.67	−6.29

表 8.5-28　　　　大理Ⅰ段与大理Ⅱ段滇中坐标系最弱边相对中误差统计表

投影带	最弱边	最弱边相对中误差	ppm
100°带—1900m 投影面	G016—G018	1/173000	5.76
101°带—1900m 投影面	G016—G018	1/180000	5.54

从表 8.5-26 至表 8.5-28 可以看出,最弱点平面位置中误差为 0.98cm,最弱边相对中误差为 1/173000,高于规范要求 1/150000,说明二维网平差结果可靠,成果总体精度较高。

8.5.2.2　楚雄段与昆明段

(1)闭合环闭合差检核

根据 CosaGPS 软件统计结果,共产生 1216 个闭合环,合格率 100%,具体统计数据如表 8.5-29、表 8.5-30 所示。

表 8.5-29　　　　　　楚雄段与昆明段环闭合差统计表

项目	闭合差(m)	ΔX(m)	ΔY(m)	ΔH(m)	相对闭合差范围(ppm)	备注
最优环	0.002	−0.001	0.000	−0.002	0.03	合格
最差环	0.029	−0.004	0.026	0.014	4.96	合格
平均环	0.016	0.000	0.0002	0.0001	1.48	合格

表 8.5-30　　　　　　楚雄段与昆明段环闭合差分段统计表

相对闭合差范围(ppm)	环个数	比例(%)
0～1	546	44.9
1～2	328	27.0
2～3	176	14.5
3～4	115	9.5
＞4	51	4.2

从表 8.5-29、表 8.5-30 可以看出,环闭合差最大为 4.96 ppm,95.9% 的环闭合差分布在小于 4ppm 的范围之内,说明闭合环的质量较高,可以满足二等平面控制网的技术设计要求。

(2)重复基线检核

按照技术设计和规范的要求,利用 CosaGPS 软件对基线进行重复基线较差的检验,重复基线 1478 条检验结果全部合格,统计情况表 8.5-31、表 8.5-32 所示。

表 8.5-31 楚雄段与昆明段重复基线较差统计表

项目	起点点名	终点点名	基线较差	限差	结论
最小重复基线较差	ⅠDZ07	ⅡWJ013	0.002	0.063	合格
最大重复基线较差	ⅡLT901	ⅡLT022	0.032	0.118	合格

表 8.5-32 楚雄段与昆明段重复基线分段统计表

重复基线较差范围（mm）	基线数量	比例（%）
0～5	1103	74.6
5～10	271	18.3
10～15	69	4.7
>15	35	2.4

从表 8.5-31、表 8.5-32 可以看出，最大重复基线较差为 32mm，97.6% 的基线较差在 15mm 的范围之内，说明闭合环的质量较高，可以满足二等平面控制网的技术设计要求。

（3）三维无约束平差精度分析

在 WGS84 椭球下进行三维无约束平差，计算情况如表 8.5-33 所示。

表 8.5-33 楚雄段与昆明段三维无约束平差计算情况表

平差后三维坐标最弱点				
点名	MX(cm)	MY(cm)	MZ(cm)	MP(cm)
IDZ013	0.47	1.86	0.94	2.13
三维基线向量残差				
各分量残差最大值	V_DX(cm)	V_DY(cm)	V_DZ(cm)	限差(cm)	备注
V_DX_max	2.79	−0.93	1.25	38.59	合格
V_DY_max	1.09	−6.15	−3.61	10.08	合格
V_DZ_max	1.05	−5.55	−3.93	12.67	合格
最弱边相对中误差				
起始点	终止点	S(m)	MS(cm)	MS/S	相对闭合差范围(ppm)
ⅡLS021	ⅡLS024	301.713	0.11	1/270000	3.71

从表 8.5-33 可以看出，三维基线向量残差合格率为 100%，最弱边相对中误差为 1/270000，高于规范要求 1/150000，说明三维无约束平差结果可靠，精度较高，观测效果良好。

（4）三维约束平差精度分析

在 WGS84 椭球下进行三维约束平差，约束点位 IDZ06、IDZ09、IDZ010、IDZ011 和 IDZ013 的坐标，计算情况见表 8.5-34 所示。

表 8.5-34 楚雄段与昆明段三维约束平差计算情况表

平差后三维坐标最弱点				
点名	MX(cm)	MY(cm)	MZ(cm)	MP(cm)
ⅡKC086	0.29	1.1	0.56	1.27
三维基线向量残差				
各分量残差最大值	V_DX(cm)	V_DY(cm)	V_DZ(cm)	限差(cm)	备注
V_DX_max	−2.27	8.64	2.58	28.85	合格
V_DY_max	2.05	−9.00	−3.34	44.75	合格
V_DZ_max	0.73	−4.51	−4.02	12.67	合格
最弱边相对中误差				
起始点	终止点	S(m)	MS(cm)	MS/S	相对闭合差范围(ppm)
ⅡLS021	ⅡLS024	301.713	0.13	1/226000	4.42

从表 8.5-34 可以看出,最弱点的点位中误差为 1.27cm,三维基线向量残差合格率为 100%,最弱边相对中误差为 1/226000,高于规范要求 1/150000,说明三维无约束平差结果可靠,精度较高,观测效果良好。

(5)二维约束平差精度分析

二维约束平差在 102°带下按 1954 北京坐标系和 2000 国家大地坐标系分别进行,精度评定也分开进行。表 8.5-35 给出平面最弱点统计结果,表 8.5-36 给出二维基线向量残差统计结果,表 8.5-37 给出最弱边相对中误差统计结果。经分析,各项指标均满足规范要求。

表 8.5-35 楚雄段与昆明段国家坐标系平面最弱点统计表

坐标系	点名	MX(cm)	MY(cm)	MP(cm)
1954 北京坐标系	ⅡCC043	0.22	0.24	0.32
2000 国家大地坐标系	ⅡCC043	0.19	0.20	0.28

表 8.5-36 楚雄段与昆明段国家坐标系二维基线向量残差统计表

坐标系	V_DX_max(cm)	V_DY_max(cm)
1954 北京坐标系	3.88	3.43
2000 国家大地坐标系	2.81	3.16

表 8.5-37 楚雄段与昆明段国家坐标系最弱边相对中误差统计表

坐标系	最弱边	最弱边相对中误差	相对闭合差范围(ppm)
1954 北京坐标系	ⅡLS022-ⅡLS021	1/191000	5.22
2000 国家大地坐标系	ⅡLS022-ⅡLS021	1/220000	4.54

（6）滇中引水工程施工测量坐标系二维约束平差精度分析

平面控制网按 101°、102° 和 103° 三个投影带分别进行二维约束平差，精度统计和分析也按投影带分别进行。表 8.5-38 给出平面最弱点统计结果，表 8.5-39 给出二维基线向量残差统计结果，表 8.5-40 给出最弱边相对中误差统计结果。

表 8.5-38　　　　　　楚雄段与昆明段滇中坐标系平面最弱点统计表

投影带	点名	MX(cm)	MY(cm)	MP(cm)
101°带—1870m 投影面	ⅡKC143	0.37	0.41	0.55
102°带—1810m 投影面	ⅡKC086	0.19	0.20	0.28
103°带—1810m 投影面	ⅡBC902	0.37	0.40	0.55

表 8.5-39　　　　　　楚雄段与昆明段滇中坐标系二维基线向量残差统计表

投影带	V_DX_max(cm)	V_DY_max(cm)
101°带—1870m 投影面	3.04	3.18
102°带—1810m 投影面	2.60	−2.83
103°带—1810m 投影面	2.66	−2.82

表 8.5-40　　　　　　楚雄段与昆明段滇中坐标系最弱边相对中误差统计表

投影带	最弱边	最弱边相对中误差	相对闭合差范围(ppm)
101°带—1870m 投影面	ⅡLS022—ⅡLS021	1/219000	4.56
102°带—1810m 投影面	ⅡLS022—ⅡLS021	1/232000	4.30
103°带—1810m 投影面	ⅡLS022—ⅡLS021	1/238000	4.19

从表 8.5-38 至表 8.5-40 可以看出，最弱点平面位置中误差为 0.55cm，最弱边相对中误差为 1/219000，高于规范要求 1/150000，说明楚雄段与昆明段的二维网平差结果可靠，成果总体精度较高。

8.5.2.3　玉溪红河段

（1）环闭合差检核

根据 CosaGPS 软件统计结果，共产生 754 个闭合环，合格率 100%，具体统计数据如表 8.5-41、表 8.5-42 所示。

表 8.5-41　　　　　　玉溪红河段环闭合差统计表

项目	闭合差(m)	ΔX(m)	ΔY(m)	ΔH(m)	相对闭合差范围(ppm)	备注
最优环	0.000	0.000	0.000	0.000	0.00	合格
最差环	0.058	−0.023	0.047	0.038	10.13	合格
平均环	0.007	0.002	0.005	0.004	0.89	合格

表 8.5-42　　　　　　　　　　玉溪红河段环闭合差分段统计表

相对闭合差范围(ppm)	环个数	比例(%)
0～2	658	87.3
2～4	69	9.2
4～6	15	1.9
>6	12	1.6

从表 8.5-41、表 8.5-42 可以看出,环闭合差最大为 10.13ppm,98.4%的环闭合差分布在小于 6ppm 的范围之内,说明闭合环的质量较高,可以满足二等平面控制网的技术设计要求。

(2)重复基线检核

按照技术设计和规范的要求,利用 CosaGPS 软件对基线进行重复基线较差的检验,重复基线 806 条检验结果全部合格,详细情况见控制网计算资料,统计情况如表 8.5-43、表 8.5-44 所示。

表 8.5-43　　　　　　　　　　玉溪红河段重复基线较差统计表

项目	起点点名	终点点名	较差(m)	限差(m)	结论
最小重复基线较差	ⅡPZ042	IDZ17	0.0002	0.064	合格
最大重复基线较差	IDZ15	ⅡJM003	0.022	0.083	合格

表 8.5-44　　　　　　　　　　玉溪红河段重复基线分段统计表

重复基线较差范围(mm)	基线数量	比例(%)
0～5	574	71.2
5～10	162	20.1
10～15	52	6.4
>15	18	2.3

从表 8.5-43、表 8.5-44 可以看出,最大重复基线较差为 22mm,97.7%的基线较差在 15mm 的范围之内,说明闭合环的质量较高,可以满足二等平面控制网的技术设计要求。

(3)三维无约束平差精度分析

在 WGS84 椭球下进行三维无约束平差,已知点 B030 采用精密单点定位的 WGS84 坐标,计算情况如表 8.5-45 所示。

表 8.5-45　　　　　　　　　玉溪红河段三维无约束平差计算情况表

平差后三维坐标最弱点					
编号	点名	MX(cm)	MY(cm)	MZ(cm)	MP(cm)
G897	IIXY903	0.77	2.19	1.09	2.56
三维基线向量残差					
各分量残差最大值	V_DX(cm)	V_DY(cm)	V_DZ(cm)	限差(cm)	备注
V_DX_max	1.81	1.05	−3.75	5.6	合格
V_DY_max	−1.35	5.05	2.85	7.75	合格
V_DZ_max	1.81	1.05	−3.75	5.6	合格
最弱边相对中误差					
起始点	终止点	S(m)	MS(cm)	MS/S	相对闭合差范围(ppm)
IIJM022	IIJM021	186.857	0.09	1/204000	4.90

从表 8.5-45 可以看出，三维基线向量残差合格率为 100%，最弱边相对中误差为 1/204000，高于规范要求 1/150000，说明三维无约束平差结果可靠，精度较高，观测效果良好。

（4）三维约束平差精度分析

在 WGS84 椭球下进行三维约束平差，已知点 IDZ14、IDZ15、IDZ16 采用精密单点定位 WGS84 坐标，计算情况如表 8.5-46 所示。

表 8.5-46　　　　　　　　　玉溪红河段三维约束平差计算情况表

平差后三维坐标最弱点					
编号	点名	MX(cm)	MY(cm)	MZ(cm)	MP(cm)
G603	IIKC143	0.69	2.13	1.06	2.48
三维基线向量残差					
各分量残差最大值	V_DX(cm)	V_DY(cm)	V_DZ(cm)	限差(cm)	备注
V_DX_max	1.81	1.05	−3.75	5.6	合格
V_DY_max	1.15	−5.27	−1.41	8.85	合格
V_DZ_max	1.81	1.05	−3.75	5.6	合格
最弱边相对中误差					
起始点	终止点	S(m)	MS(cm)	MS/S	相对闭合差范围(ppm)
IIJM022	IIJM021	186.857	0.10	1/196000	5.11

从表 8.5-46 可以看出，三维基线向量残差合格率为 100%，最弱边相对中误差为 1/196000，高于规范要求 1/150000，说明三维约束平差结果可靠，精度较高，观测效果良好。

（5）2000 国家大地坐标系二维约束平差精度分析

在 2000 国家大地坐标系下进行二维约束平差,已知点采用一等平面控制网 IDZ013、IDZ14、IDZ15、IDZ16、IDZ17 五个点坐标,计算情况见表 8.5-47 所示。

表 8.5-47　　　　玉溪红河段 2000 国家大地坐标系二维平差计算情况表

平差后二维坐标最弱点				
编号	点名	MX(cm)	MY(cm)	MP(cm)
26	IIJM013	0.24	0.32	0.40
二维基线向量残差				
各分量残差最大值		V_DX(cm)		V_DY(cm)
V_DX_max		4.87		0.65
V_DY_max		−3.67		−2.04
最弱边相对中误差				
起始点	终止点	A(dms)	S(m)	MS(cm)	MS/S	相对闭合差范围(ppm)
IIJM022	IIJM021	96.04065	186.8038	0.10	1/179000	5.58

从表 8.5-47 可以看出,最弱点平面位置中误差为 0.40cm,最弱边相对中误差为 1/179000,高于规范要求 1/150000,说明二维网平差结果可靠,成果总体精度较高。

（6）1954 北京坐标系二维约束平差精度分析

在 1954 北京坐标系统下进行二维约束平差,已知点采用一等平面控制网 IDZ14、IDZ15、IDZ16 三个点坐标,计算情况如表 8.5-48 所示。

表 8.5-48　　　　玉溪红河段 1954 北京坐标系二维平差计算情况表

平差后二维坐标最弱点				
编号	点名	MX(cm)	MY(cm)	MP(cm)
304	IIKC143	0.61	0.76	0.98
二维基线向量残差				
各分量残差最大值		V_DX(cm)		V_DY(cm)
V_DX_max		4.86		0.66
V_DY_max		0.62		5.51
最弱边相对中误差				
起始点	终止点	A(dms)	S(m)	MS(cm)	MS/S	相对闭合差范围(ppm)
IILF042	IILF041	32.18206	217.6809	0.14	1/158000	6.29

从表 8.5-48 可以看出,最弱点平面位置中误差为 0.4cm,最弱边相对中误差为 1/158000,高于规范要求 1/150000,说明二维网平差结果可靠,成果总体精度较高。

（7）滇中引水工程施工测量坐标系二维约束平差精度分析

平面控制网按 103°带—1810m 投影面、103°带—1810m 投影面（1900m 垂直投影）和 103°带—1810m 投影面（1500m 垂直投影）、103°带—1600m 投影面（1500m 垂直投影）和 103°带—1500m 投影面 5 个投影带分别进行二维约束平差，精度统计和分析按投影带分别进行。表 8.5-49 给出平面最弱点统计结果，表 8.5-50 给出二维基线向量残差统计结果，表 8.5-51 给出最弱边相对中误差统计结果。经分析，各项指标均满足规范要求。

表 8.5-49　　　　　　　　　　玉溪红河段滇中坐标系平面最弱点统计表

投影带	点名	MX(cm)	MY(cm)	MP(cm)
103°带—1810m 投影面	IIKC143	0.40	0.47	0.62
103°带—1810m 投影面（1900m 垂直投影）	IIKC143	0.40	0.47	0.62
103°带—1810m 投影面（1500m 垂直投影）	IIXP051	0.35	0.45	0.56
103°带—1600m 投影面（1500m 垂直投影）	IDZ15	0.57	0.67	0.88
103°带—1500m 投影面	IILN011	0.23	0.30	0.38

表 8.5-50　　　　　　　　　　玉溪红河段滇中坐标系二维基线向量残差统计表

投影带	V_DX_max(cm)	V_DY_max(cm)
103°带—1810m 投影面	4.87	42.07
103°带—1810m 投影面（1900m 垂直投影）	4.86	−2.07
103°带—1810m 投影面（1500m 垂直投影）	−1.75	−1.19
103°带—1600m 投影面（1500m 垂直投影）	2.34	1.71
103°带—1500m 投影面	2.61	−2.39

表 8.5-51　　　　　　　　　　玉溪红河段滇中坐标系最弱边相对中误差统计表

投影带	最弱边	最弱边相对中误差	ppm
103°带—1810m 投影面	IILA004-IILA005	1/170000	5.87
103°带—1810m 投影面（由 1900m 垂直投影）	IILA004-IILA005	1/170000	5.87

续表

投影带	最弱边	最弱边相对中误差	ppm
103°带—1810m 投影面（由 1500m 垂直投影）	IILF042-IILF041	1/232000	4.3
103°带—1600m 投影面（由 1500m 垂直投影）	IIJM008-IIJM004	1/327000	3.06
103°带—1500m 投影面	IIJM022-IIJM004	1/186000	5.37

从表 8.5-49 至表 8.5-51 可以看出，最弱点平面位置中误差最大值为 8.8mm，5 个投影带分别平差后最弱边相对中误差最大值为 1/170000，高于规范要求 1/150000，说明二维网平差结果可靠，成果总体精度较高。

8.5.2.4　子网间重复点成果比较

本工程对二等平面控制网 3 个子网的衔接处进行了坐标差值对比。首先涉及大理 II 段与楚雄段的共用测量点坐标对比，如表 8.5-52 所示。其次是昆明段与玉溪红河段的共用测量点坐标对比，如表 8.5-53 所示。

表 8.5-52　　　　　　　大理 II 段与楚雄段的共用测量点坐标对比

点号	坐标差值（m）	
	ΔX	ΔY
II BC001	0.000	−0.005
II BC902	0.014	0.004
II WJ011	0.005	−0.007
II WJ012	−0.001	−0.004
II WJ013	0.005	−0.005
II WJ014	−0.001	−0.006

表 8.5-53　　　　　　　昆明段与玉溪红河段的共用测量点坐标对比

点号	坐标差值（m）	
	ΔX	ΔY
II KC142	−0.052	−0.084
II KC143	−0.055	−0.085

从表 8.5-52、表 8.5-53 可以得出，本工程的二等平面控制网 3 个子网衔接处的最大坐标差值为 0.085m，满足工程成果的使用需求。

8.5.3　与实测边长的比较情况

将控制网点平差坐标反算得到的边长与常规测距边长进行对比,共统计了129条测距边,结果如表8.5-54所示。其中,常规测距边投影至测距边所在区域引水线路的建筑物底板高程面上。从表8.5-54中可以得出,控制网点反算边长与实测边长的变形量都能控制在2.5cm/km以内,满足相关规范要求。

表8.5-54　　　　　　　　　　　　　　实测边长比较表

序号	区段	测距边数量	平均投影变形量（cm/km）	最小投影变形量（cm/km）	最大投影变形量（cm/km）
1	大理Ⅰ段	25	1.20	0.26	2.46
2	大理Ⅱ段	26	0.94	0.04	2.20
3	楚雄段及昆明段	25	1.89	1.26	2.48
4	玉溪红河段	53	0.81	0.02	2.49

8.5.4　与原控制点的比较情况

本次共联测了勘测设计阶段使用的D级及四等控制点34个,试验工程控制网点40个,与原D级及四等控制点比较如表8.5-55所示,与试验工程控制点比较如表8.5-56所示。

表8.5-55　　　　　　　　　　　　　与原D级及四等控制点比较表

序号	区段	点号	新旧坐标差值	
			ΔX(m)	ΔY(m)
1	大理Ⅰ段及大理Ⅱ段	D352	−0.012	0.182
2		DZD283	−0.020	0.165
3		DZD280	−0.034	0.165
4		DZD265	0.001	0.087
5		DZD253	0.025	0.061
6		DS079	−0.013	0.000
7		DS098	−0.004	−0.075
8		DJ094	−0.038	−0.084
9		DJ096	−0.056	−0.131
10		DS104	−0.084	−0.097

续表

序号	区段	点号	新旧坐标差值	
			ΔX(m)	ΔY(m)
11	楚雄段及昆明段	D181	−0.043	0.007
12		DJ120	−0.003	−0.237
13		DS118	0.149	0.097
14		IV121	−0.036	−0.021
15		IV179	0.179	0.122
16		IV37	−0.029	−0.048
17		LIV163	0.140	0.104
18		LIV183	0.141	0.101
19	楚雄段及昆明段	LIV193	0.189	0.190
20		LIV200	−0.021	−0.017
21		LIV201	−0.010	−0.016
22		LIV219	−0.028	−0.019
23		LIV220	−0.057	0.034
24		LIV224	−0.041	0.053
25	玉溪红河段	D222	−0.267	−0.112
26		G047	−0.135	−0.125
27		G140	0.027	0.084
28		G142	0.050	0.105
29		G107	0.069	−0.014
30		G108	0.062	−0.025
31		G096	−0.045	−0.016
32		G098	−0.027	−0.014
33		E010	−0.114	−0.055
34		E016	−0.135	−0.074

　　从表 8.5-55 可以得出,本次施工控制网测得的点位坐标与原 D 级及四等控制点坐标的最大差值为 0.267m,差值满足 1/2000 地形图上 0.14mm 的要求,可与设计图很好地衔接。

表 8.5-56　　　　　　　　　　　　　与试验工程控制点比较表

序号	区段	建筑物名称	点号	新旧坐标差值	
				ΔX(m)	ΔY(m)
1	大理Ⅰ段	香炉山隧洞 2# 支洞	XS2#-01	0.003	0.160
2			XS2#-02	0.006	0.157
3			XS2#-03	0.004	0.155
4	大理Ⅱ段	磨盘山隧洞	ⅡXO905	−0.152	0.451
5			ⅡPH905	−0.420	0.284
6			ⅡMP011	−0.113	−0.042
7			ⅡMP025	−0.127	−0.458
8			ⅡMP026	0.140	−0.263
9			ⅡMP027	−0.142	−0.627
10	大理Ⅱ段	磨盘山隧洞	ⅡMP021	0.002	−0.586
11			ⅡMP905	−0.049	−0.848
12			ⅡQP901	0.101	−0.844
13			ⅡZG903	−0.285	0.064
14			ⅡMP001	−0.199	0.074
15			ⅡMP003	−0.215	0.009
16			ⅡMP012	−0.134	−0.024
17			ⅡMP014	−0.184	−0.063
18			ⅡMP013	−0.101	−0.068
19			ⅡMP022	−0.050	−0.582
20			ⅡMP023	−0.001	−0.627
21			ⅡMP024	−0.048	−0.643
22			ⅡMP904	−0.030	−0.765
23			ⅡQP003	0.006	−0.875
24			ⅡMP903	0.004	−0.766

续表

序号	区段	建筑物名称	点号	新旧坐标差值	
				ΔX（m）	ΔY（m）
25			IIIF01	0.146	0.092
26			IIIF02	0.146	0.096
27			IIIF03	0.146	0.095
28			IIIF04	0.145	0.092
29			IIIF05	0.146	0.091
30			IIIF06	0.147	0.094
31			IIIF07	0.148	0.091
32	楚雄段	凤屯隧洞	IIIF08	0.146	0.095
33			IIIF09	0.144	0.080
34			IIIF10	0.148	0.068
35			IIIF11	0.149	0.083
36			IIIF12	0.158	0.074
37			IIIF13	0.154	0.090
38			IIIF14	0.149	0.087
39			IIIF15	0.160	0.079
40			IIIF16	0.154	0.076

从表 8.5-56 可得出，本次施工控制网测得的点位坐标与试验工程控制点的差值，在大理 I 段的香炉山隧洞 2# 支洞及楚雄段的凤屯隧洞最大差值都为 0.160m，成果的差值较小，便于衔接使用。在大理 II 段的磨盘山隧洞的最大差值为 0.875m，该差值相对较大。这主要由于该试验工程前期是挂靠在 1954 北京坐标系 3°带成果上的独立坐标，而本次施工控制网测量的坐标成果都是基于 1954 北京坐标系 1°带成果，因而形成了一定的坐标差值。

第 9 章　高程施工控制网的建立

9.1　高程施工控制网的布设

依据实施方案,高程施工控制网的布设方案为:在国家一等水准控制网点下,沿滇中引水工程的输水线路邻近的交通公路布设二等高程控制网作为工程的首级高程控制网,水准路线布设为附合路线或闭合环线。在引水工程二等水准高程控制网的基础上,各建筑物三等高程控制网点由建筑物进出口和支洞口的水准高程基点、平面观测墩基座水准点及三等水准路线点等组成。

根据收集的国家一等水准点成果,经现场查勘及检测,二等水准路线共采用国家一等水准点 7 座,如表 9.1-1 所示。二等水准路线由 6 条附合路线组成,其中 4 个闭合环。三等水准路线在二等水准路线的基础上加密,并联测至各建筑物进出口、支洞口的高程基点和观测墩基座水准点。

表 9.1-1　　　　　　　　　　利用的国家一等水准点情况表

序号	点名	概略位置
1	Ⅰ雄中长 76—1 乙上	丽江县雄古道班
2	Ⅰ金南 22	大理州祥云县下庄公社和尚田
3	Ⅰ金南 25A	大理自治州祥云县普棚镇
4	Ⅰ绵昆 262	楚雄州南华县罗家屯公社
5	Ⅰ昆河 1 上	昆明市圆通山动物园
6	Ⅰ建鸡 5 基乙上	云南省建水县面甸镇
7	Ⅰ昆河 91-1 基上	红河州个旧市鸡街镇

9.2　选点及标志埋设

9.2.1　高程控制点的选点情况

二等水准点和建筑物基点综合实施方案要求、现场地形地貌特点、交通路线和建筑物布置情况等多个因素进行选点。三等水准点根据三等水准联测的路线长度需要结合实际情况进行点位选择。水准点位选择时主要考虑了以下因素：

1）隧洞进出口、支洞口高程控制网点尽量纳入二等水准高程线路中。

2）所选点位应免受输水干渠及其建筑物施工的影响。

3）水准点尽可能选在丘陵地区的基岩露头或基岩距地面不深处。

4）点位地基坚实稳定、安全僻静，并便于标石长期保存与观测。

高程施工控制网点由基本水准点和普通水准点两类组成。基本水准点选择岩层基本水准标或混凝土基本水准标，普通水准点选择岩层普通水准标或混凝土普通水准标。

9.2.2 标石埋设

标石埋设由标石预制件、标石浇筑、标识埋设共同组成。普通水准标石、水准点指示盘、水准点小标盖、方框井在预制厂制作完成，再运输至现场埋设。基本水准标识采用预制模具和钢筋笼现场浇筑。

9.2.2.1 标石预制件制作

标石预制件制作包括指示盘、小标盖、方框井及普通水准标石制作（图 9.2-1）。

水准点指示盘规格：$60cm \times 60cm \times 10cm$，中间配筋 $\phi 1cm \times 60cm$。水准点小标盖规格：$20cm \times 20cm \times 10cm$。

（a）水准点指示盘　　　　　　　　　（b）方框井成品

（c）普通水准标识制作　　　　　　　　　　　　（d）普通水准标识成品

图 9.2-1　预制件制作

9.2.2.2　基本水准标识埋设

基本水准点采用现场浇筑方式埋设。基本水准点浇筑基坑挖深至基岩或≥1.2m，先在底部覆盖 C35 标号混凝土 5～10cm，再把预先制作好的钢筋笼放入，并放入标识模板，然后采用 C35 标号混凝土浇筑水准点成型，最后周边用黏土填实，在水准点上盖上小标盖，盖上预制好的标盖（图 9.2-2）。

（a）基础开挖　　　　　　　　　　　　　（b）钢筋布设

(c)基本水准标竣工　　　　　　　　　　　　(d)基本水准标盖板

图 9.2-2　混凝土基本水准标埋设

9.2.2.3　普通水准标识埋设

混凝土普通水准点根据《实施方案》要求开挖 70cm 见方、80cm 深的基坑,然后在底部铺上 10～20cm 的 C35 混凝土,再将预制好的顶面 30cm×30cm、底面 40cm×40cm、高 40cm 的混凝土标体放置于基坑中,用钢钎将底部夯实后填入黏土至标面处。以标芯为中心放置预制好的两块方框井,方框井之间用混凝土黏合,用黏土将方框井外围填满夯实,最后盖上小标盖和大标盖,冲洗干净(图 9.2-3)。

(a)基础开挖　　　　　　　　　　　　　　　(b)混凝土基座加固

（c）施工埋设　　　　　　　　　　　　（d）竣工

图 9.2-3　混凝土普通水准标埋设

9.2.3　点之记绘制

在选点埋设过程中完成详细绘制每个点位点之记草图，并且利用手机中"奥维互动地图"软件，标注每一个点的具体位置，最终导出为＊.KML 文件，作为点位位置成果上交。由于二等施工控制网均按照建筑物分开布设，因此在点之记交通路线图中一般尽量将同一建筑物相邻点位均标注出来，以方便施工单位直观了解点位分布情况。

现场记录点位名称、所在地、点位四至、地质类别、标石类型等相关信息，拍摄竣工照片。内业录入所有外业采集信息，并按照实施方案要求整理成＊.DWG 格式点之记，点之记格式如图 9.2-4 所示。

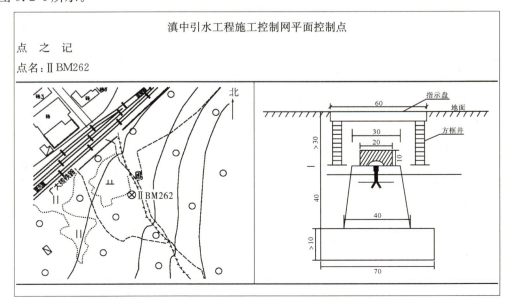

所在图幅	G47D008010	标石类型	混凝土普通水准标石
概略位置	$B:100°46'21.9''\ L:25°23'59.5''$	标石质料	混凝土不锈钢标志
所 在 地	云南省祥云县下庄镇上村 4 组广大线铁路坎上旱地角树林中	土地使用者	上村 4 组
地别土质	林地	地下水深度	20m
交通路线	广大线铁沐滂站往楚方向行约 200m 至上村往南穿过铁路后沿小路上坡 50m 即达本点		
点 位 详细说明	1. 东北距加盖水池西南角 15m； 2. 北距旱地边 3m； 3. 东距水沟坎边 3m		
选点单位	长江勘测规划设计研究有限责任公司	埋石单位	长江勘测规划设计研究有限责任公司
选 点 得	陈汉川	埋 石 者	刘洲
选点日期	2016 年 12 月 2 日	埋石日期	2016 年 12 月 12 日
备 注			

图 9.2-4　高程控制点点之记

9.3　观测实施

9.3.1　采用仪器

高程控制网的外业数据采集主要包含二等水准测量、三等水准测量和三等光电测距三角高程测量 3 个方面。其中,二等水准测量和三等水准测量采用 Leica DNA03、Leica LS15、Trimble DINI03、TOPCON DL-502 等数字水准仪测量,标称精度优于 0.3mm/km,三等光电测距三角高程测量采用 Leica TCA2003、Leica TM30、Leica TS50 等智能型全站仪进行测量,标称精度为测角优于 1″,测距优于 1mm＋1ppm,均满足规范要求。

9.3.2　观测实施

9.3.2.1　二、三等水准测量

二、三等水准测量严格执行《国家一、二等水准测量规范》(GB/T 12897—2006)和《国家三、四等水准测量规范》(GB/T 12898—2009)的规定进行外业测量。

二等水准测量采用单路线往返测,同一区段的往返测使用同一类型仪器和转点尺承,并沿

同一道路进行。在每一个区段内，先连续进行所有测段的往测（或返测），随后再连续进行该区段的返测（或往测）。三等水准测量根据实际情况选择往返测或者单程双转点观测。采用单程双转点观测时，在每一转点处安置左右相距约 0.5m 的 2 个尺垫，相应于左右 2 条水准路线。每一测站按规定的观测方法和操作程序首先完成右路线的观测，然后进行左路线的观测。

基本水准点的上标志纳入水准测量路线中进行观测，下标志采用支测方式进行观测。能进行直接水准测量的观测墩，将其基座水准点纳入水准测量路线中进行观测，标面上的辅助水准标志采用支测方式进行观测。对于部分较为困难部位的建筑物高程基点采用二等水准支线方式联测。

数字水准仪观测期间每天开始观测前或开始新测段前按规范要求检校 i 角一次。观测前 30min 应将仪器置于露天阴影下，使仪器与外界气温趋于一致；设站时，用测伞遮蔽阳光。在连续各测站上安置水准仪的三角架时，其中两脚与水准路线的方向平行，而第三脚轮换置于路线方向的左侧和右侧。除路线转弯处外，每一测站上仪器与前后视标尺的 3 个位置，均接近一条直线。每一测段的往测与返测，其测站数均为偶数。由往测转向返测时，两支标尺互换位置，并重新整置仪器。水准路线在经过沙滩地或土质较为松散地时，选用尺桩进行水准观测，尺桩的长度大于沙滩地和松散地的深度。

二、三等水准测量测站视线长度、前后视距差、视线高度等执行要求如表 9.3-1 所示。

表 9.3-1　　　　　　测站视线长度、前后视距差、视线高度等限差　　　　　（单位：m）

等级	视线长度	前后视距差	任一测站上前后视距差累积	视线高度	数字水准仪重复测量次数
二等	≥3 且 ≤50	≤1.5	≤6.0	≤2.80 且 ≥0.55	≥2
三等	≤100	≤2.0	≤5.0	三丝能读数	≥3

二、三等水准测量往返测高差不符值、环闭合差、检测高差之差的限差执行要求如表 9.3-2 所示，高程控制测量实施如图 9.3-1 所示。

表 9.3-2　　　　　往返测高差不符值、环闭合差、检测高差之差的限差　　　　（单位：mm）

等级	测段、区段、路线往返测高差不符值	测段的左右路线高差不符值	附合路线闭合差	环闭合差	检测已测测段高差之差
二等	$4\sqrt{k}$	/	$4\sqrt{L}$	$4\sqrt{F}$	$6\sqrt{R}$
三等	$12\sqrt{k}$	$8\sqrt{k}$	$15\sqrt{L}$		$20\sqrt{R}$

注：k 为测段、区段或路线长度（km）；L 为附合线长度（km）；F 为环线长度（km）；R 为检测测段长度（km）。

（1）标尺长度误差改正

$$\delta = f \times h$$

式中：h ——往测或返测高差值（m）；

　　　f ——标尺改正系数（mm/m）。

（2）大地水准面不平行的改正

$$\varepsilon = -(\gamma_{i+1} - \gamma_i) \cdot H_m / \gamma_m$$

式中：γ_m ——两水准点正常重力平均值（$\times 10^{-5}\,\mathrm{m/s^2}$）；

　　　γ_i、γ_{i+1} —— i 点、$i+1$ 点椭球面上的正常重力值（$\times 10^{-5}\,\mathrm{m/s^2}$）；

　　　H_m ——两水准点概略高程平均值（m）。

$$\gamma_m = (\gamma_i + \gamma_{i+1})/2 - 0.1543 H_m$$

$$\gamma = 978032 \times (1 + 0.0053024 \sin^2\varphi - 0.0000058 \sin^2 2\varphi)$$

式中：φ ——水准点纬度；

　　　γ ——取至 $0.01 \times 10^{-5}\,\mathrm{m/s^2}$。

（3）重力异常改正

$$\lambda = (g - \gamma)_m \cdot h / \gamma_m$$

式中：$(g - \gamma)_m$ ——两水准点空间重力异常平均值（$\times 10^{-5}\,\mathrm{m/s^2}$）；

　　　h ——测段观测高差（m）。

9.4.2.2　平差计算

高程控制网二等水准路线共联测 7 个经检测合格的国家一等水准点。二等水准路线的平差计算分 3 个网平差。二等高程控制网平差计计算概况如表 9.4-1 所示。

表 9.4-1　　　　　　　　　　　　二等高程控制网平差计算概况

序号	子网名称	已知国家一等水准点
1	大理Ⅰ、Ⅱ段	Ⅰ雄中长 76-1 乙上、Ⅰ金南 22
2	楚雄、昆明段	Ⅰ金南 25A、Ⅰ绵昆 262、Ⅰ昆河 1 上、Ⅰ建鸡 5 基乙上
3	玉溪红河段	Ⅰ昆河 1 上、Ⅰ建鸡 5 基乙上、Ⅰ昆河 91-1 基上

9.4.3　三等高程控制网的数据处理

三等高程控制网的数据处理包括水准测段高差改正、三角高程高差计算及平差计算。三等光电测距三角高程观测数据经过气象改正、测距仪加乘常数改正、归心改正、天顶距归算、高差计算后，以联测的二等高程控制网点为起算数据，计算建筑物各控制网点的 1985 国家高程基准高程。

9.5　质量统计和精度分析

9.5.1　二等高程控制网质量统计和精度分析

（1）区段往返测同午率的统计

二等水准测量测段同午率统计表如表 9.5-1 所示。

表 9.5-1　　　　　　　　　　楚雄、昆明段往返测同午率统计表

序号	区段	同午率（%）
1	大理Ⅰ段	4.2
2	大理Ⅱ段	13.9
3	楚雄段	22.3
4	昆明段	17.4
5	玉溪红河段	19.5

从表 9.5-1 可以得知，最大的区段同午率为 22.3%，小于规范规定的 30%，表明外业观测的同午率控制很好，有利于提高观测质量。

（2）测段往返测不符值精度统计及偶然中误差计算

二等水准测量测段往返测不符值精度统计如表 9.5-2 所示。

表 9.5-2　　　　　　　　二等水准测量测段往返测不符值精度统计表

序号	线名	往返测不符值			
		测段总数	a	b	c
1	大理Ⅰ、Ⅱ段水准路线段（1）	39	35	4	0
2	大理Ⅰ、Ⅱ段水准路线段（2）	21	19	2	0
3	大理Ⅰ、Ⅱ段水准路线段（3）	55	46	9	0
4	大理Ⅰ、Ⅱ段水准路线段（4）	54	41	13	0
5	大理Ⅰ、Ⅱ段水准路线段（5）	38	28	10	0
6	大理Ⅰ、Ⅱ段水准路线段（6）	37	34	3	0
7	大理Ⅰ、Ⅱ段水准路线段（7）	33	27	6	0
8	大理Ⅰ、Ⅱ段水准路线段（8）	43	34	9	0
9	大理Ⅰ、Ⅱ段水准路线段（9）	56	47	9	0
10	楚雄、昆明段水准路线段（1）	27	17	5	5
11	楚雄、昆明段水准路线段（2）	20	10	6	4
12	楚雄、昆明段水准路线段（3）	64	60	4	0

序号	线名	往返测不符值			
		测段总数	a	b	c
13	楚雄、昆明段水准路线段(4)	47	33	8	6
14	楚雄、昆明段水准路线段(5)	164	119	26	19
15	楚雄、昆明段水准路线段(6)	30	24	2	4
16	玉溪红河段水准路线段(1)	38	26	8	4
17	玉溪红河段水准路线段(2)	48	41	6	1
18	玉溪红河段水准路线段(3)	37	30	4	3
19	玉溪红河段水准路线段(4)	37	22	8	7
20	玉溪红河段水准路线段(5)	55	41	7	7
21	玉溪红河段水准路线段(6)	25	14	7	4
22	玉溪红河段水准路线段(7)	140	121	19	0
	合计	1108	869	175	64

注：表中表头之 a、b、c 分别代表小于限差的 1/3、介于 1/3～1/2、介于 1/2～1。

从表 9.5-2 中可以看出，测段往返测不符值小于限差 1/3 的测段占 78.4%，往返测不符值介于限差 1/3～1/2 的测段占 15.8%，往返测不符值介于限差 1/2～1 的测段占 5.8%。

二等水准每千米水准高差中数的偶然中误差大理Ⅰ、Ⅱ段为 ±0.56mm，楚雄、昆明段为 ±0.65mm，玉溪红河段为 ±0.59mm。对于全线二等高程控制网，每千米水准高差中数的偶然中误差为 ±0.59mm，满足规范 ±1.0mm 的要求。

以上分析，表明二等水准外业观测数据质量较好。

（3）二等水准测量路线闭合差（表 9.5-3）

表 9.5-3　　　　　　　　二等水准测量路线闭合差统计表

序号	路线名称	长度(km)	闭合差(mm)	限差(mm)	占比(%)
1	雄中长 76-1 上 A(92)～ⅡBM127JS～雄中长 76-1 上 A(92)闭合环	188.5	4.75	54.92	8.6
2	Ⅰ金南 22～ⅡBM217JS～Ⅰ金南 22 闭合环	468.68	33.91	86.60	39.2
3	雄中长 76-1 上 A(92)～下南 20	612.1	19.05	98.96	19.3
4	Ⅰ绵昆 262～Ⅰ金南 25A	121.19	14.0	44.0	31.8
5	Ⅰ昆河 1 基～Ⅰ绵昆 262	280.95	−8.9	67.0	13.3
6	Ⅰ建鸡 5 基乙上～Ⅰ昆河 1 基	443.63	41.1	84.3	48.8
7	K01 闭合环	90.63	20.8	38.1	54.6
8	Ⅰ昆河 91-1 基上～Ⅰ建鸡 5 基乙上	57.4	1.36	30.31	4.5

从表9.5-3可以看出,二等水准线路闭合差或环闭合差除1个闭合环闭合差略大于限差的1/2外,其余均小于限差值的1/2,说明观测数据精度良好,成果可靠。

9.5.2 三等高程控制网质量统计和精度分析

(1)三等水准路线往返测或左右路线不符值精度统计及偶然中误差计算

三等水准路线往返测或左右路线不符值精度统计如表9.5-4、表9.5-5所示。

表9.5-4　　　　大理Ⅰ、Ⅱ段三等水准测段往返测或左右路线不符值精度统计表

序号	线名	往返测不符值			
		测段总数	a	b	c
1	长-118-1～雄中长76-1上A(92)	40	39	1	0
2	ⅡBM138～ⅡBM137JS	10	10	0	0
3	ⅡBM153～ⅡBM156	25	25	0	0
4	ⅡBM164～ⅡBM181	58	50	8	0
5	ⅡBM188JS～ⅡBM186	27	26	1	0
6	ⅡB209～DH901JS	22	20	2	0
7	ⅡBM223JS～ⅡBM223JS	5	5	0	0
8	ⅡBM223JS～ⅡBM228	14	14	0	0
9	ⅡBM229JS～ⅡBM229JS	7	7	0	0
10	ⅡBM231～ⅡBM231	8	8	0	0
11	ⅡBM246～ⅡBM235	17	17	0	0
12	ⅡBM252～ⅡBM252	2	2	0	0
13	ⅡBM261～ⅡBM252	16	16	0	0
14	ⅡBM271～ⅡDC002S	14	14	0	0
15	ⅡZG901JS～ⅡMP001JS	5	5	0	0
	合计	270	258	12	0

注:表中表头之a、b、c分别代表小于限差的1/3、介于1/3～1/2、介于1/2～1。

表9.5-5　　　　楚雄、昆明段三等水准测段往返测或左右路线不符值精度统计表

测段总数	限差	测段数	占测段总数百分比(%)
286	$\|\Delta\| < \dfrac{1}{3}\Delta_允$	274	95.8
	$\dfrac{1}{2}\Delta_允 > \|\Delta\| \geq \dfrac{1}{3}\Delta_允$	7	2.4
	$\Delta_允 \geq \|\Delta\| > \dfrac{1}{2}\Delta_允$	5	1.7

从表 9.5-4、表 9.5-5 中可以看出，三等水准测段往返测或左右路线不符值小于限差 1/3 的测段占 95.7%，不符值介于限差 1/3～1/2 的测段占 3.4%，不符值介于限差 1/2～1 的测段占 0.9%。

三等水准每千米水准高差中数的偶然中误差大理 I、II 段为 ±0.46mm，楚雄、昆明段为 ±0.82mm。对于全部三等高程控制网，每千米水准高差中数的偶然中误差为 ±0.67mm，满足规范 ±3.0mm 的要求。

以上分析，表明三等水准外业观测数据质量较好。

（2）三等水准测量路线闭合差（表 9.5-6）

表 9.5-6　　　　　　　　三等水准测量路线闭合差统计表

序号	路线名称	长度（km）	闭合差（mm）	限差（mm）	占比（%）
1	长-118-1～雄中长 76-1 上 A（92）	107.8	82.39	155.74	52.9
2	II BM138～II BM137JS	18.7	−0.44	64.8	0.7
3	II BM153～II BM156	31.6	−13.12	84.34	15.6
4	II BM164～II BM181	105.3	16.07	153.95	10.4
5	II BM188JS～II BM186	31.2	3.86	83.81	4.6
6	II B209～DH901JS	34.7	11.12	88.3	12.6
7	II BM223JS～II BM223JS	13.1	−10.9	54.2	20.1
8	II BM223JS～II BM228	53.6	−4.2	109.9	3.8
9	II BM229JS～II BM229JS	20.1	−4.1	67.2	6.1
10	II BM231～II BM231	24.4	−7.4	74.1	10.0
11	II BM246～II BM235	59.4	−12.5	115.6	10.8
12	II BM252～II BM252	18.3	1.2	64.2	1.9
13	II BM261～II BM252	38.7	4.5	93.3	4.8
14	II BM271～II DC002S	25.5	0	75.7	0.0
15	II ZG901JS～II MP001JS	12.4	−9.4	52.9	17.8
16	II BM382JS～II BM382JS	5.0	4.6	33.5	13.7
17	II BM379～II BM379	2.4	0.4	23.2	1.7
18	II BM378～II BM378	1.6	1.1	19	5.8
19	II BM376JS～II BM376JS	1.8	0.4	20.1	2.0
20	II BM373JS～II BM373JS	4.1	3.1	30.3	10.2
21	II BM371～II BM371	0.4	0.2	9.9	2.0
22	II BM370JS～II BM370JS	6.6	1.8	38.4	4.7
23	II BM364JS～II BM364JS	2.8	0.2	25.1	0.8

续表

序号	路线名称	长度(km)	闭合差(mm)	限差(mm)	占比(%)
24	ⅡBM366～ⅡBM366	10.7	0.6	49	1.2
25	ⅡBM363～ⅡBM363	20.7	7.1	68.3	10.4
26	ⅡBM355JS～ⅡBM355JS	12.9	2.3	53.9	4.3
27	ⅡBM353～ⅡBM353	2.9	1.5	25.5	5.9
28	ⅡBM351～ⅡBM351	6.3	3.6	37.8	9.5
29	ⅡBM350JS～ⅡBM350JS	4.1	0.9	30.4	3.0
30	ⅡBM346JS～ⅡBM348	6.0	2.6	36.8	7.1
31	ⅡBM345～ⅡBM347	5.2	−1.4	34.1	4.1
32	ⅡBM342JS～ⅡBM344	9.2	3.8	45.5	8.4
33	ⅡBM341～ⅡBM341	1.1	−0.4	16	2.5
34	ⅡBM340～ⅡBM339JS	3.4	−3.9	27.6	14.1
35	ⅡBM338～ⅡBM337	21.3	4.2	69.2	6.1
36	ⅡBM334～ⅡBM333JS	13.0	7.2	54	13.3
37	ⅡBM330～ⅡBM329JS	15.5	3.6	59.1	6.1
38	ⅡBM328～ⅡBM328	1.3	−0.4	17.1	2.3
39	ⅡBM326～ⅡBM326	1.9	−0.5	20.6	2.4
40	ⅡBM319JS～ⅡBM316JS	10.6	7	48.9	14.3
41	ⅡBM313～ⅡBM313	3.3	−0.4	27.2	1.5
42	ⅡBM310JS～ⅡBM308	14.9	−1.2	57.8	2.1
43	ⅡBM302～ⅡBM301JS	12.2	3.2	52.4	6.1
44	ⅡBM304JS～ⅡBM301JS	32.0	−4.2	84.9	4.9
45	ⅡBM448～ⅡBM301JS	59.6	−4.4	115.8	3.8
46	ⅡBM455～ⅡBM301JS	6.7	−1.9	38.9	4.9
47	ⅡBM304JS～ⅡBM302	27.7	−7.4	79	9.4
48	ⅡBM448～ⅡBM302	71.8	−7.6	127.1	6.0
49	ⅡBM455～ⅡBM302	18.9	−5.1	65.2	7.8
50	ⅡBM448～ⅡBM304JS	91.7	−0.2	143.6	0.1
51	ⅡBM455～ⅡBM304JS	38.8	2.3	93.4	2.5
52	ⅡBM455～ⅡBM448	52.9	2.5	109.1	2.3
53	ⅡBM411～ⅡBM411	6.8	4.6	39.2	11.7
54	ⅡBM414～ⅡBM413	13.8	7.1	55.8	12.7
55	ⅡBM413～KC111JS	3.2	1.4	26.6	5.3
56	ⅡBM415～ⅡBM415	8.2	17.7	43	41.2

第 10 章　施工控制网成果的使用

10.1　成果使用的技术规定

1) 使用施工控制网成果进行测量放样前，应对施工区已有的平面控制网和高程控制网成果资料进行分析，并进行现场检核，采用与设计图纸相一致的平面和高程系统进行施工放样测量。主体工程如隧洞、倒虹吸、渡槽等施工放样必须采用滇中引水工程坐标系进行放样。当设计图纸与施工控制网坐标系统不一致时，应对设计图纸进行坐标转换。

已有控制网点密度不能满足放样需要时应进行加密，其精度指标要求如下：

① 平面施工控制网加密可根据地形条件及放样需要决定，以 1～2 级为宜，但最末级平面控制网相对于首级平面控制网的点位中误差不应超过±10mm。

② 高程施工控制网加密可根据地形条件及放样需要决定，以 1～2 级为宜，但最末级高程控制点相对于首级高程控制点的高程中误差不应超过±10mm。

2) 施工测量放样方案应根据有关标准制定，其方案应包括控制网点检测与加密、放样依据、放样方法、放样点精度估算、放样作业程序、人员及设备配置等内容。

3) 施工测量放样前应根据设计图纸中有关数据及使用的控制点成果计算放样数据，必要时还须绘制放样草图，所有数据必须经两人独立计算校核。采用计算机程序计算放样数据时，必须核对输入数据和数学模型的正确性。

4) 施工控制网成果使用前，应进行必要的检核工作，包括边角检核及点位坐标检核，并填写相应的检核表，形成记录文件。检核工作结束后，应及时向业主单位提供书面检核记录。

10.2　平面控制网成果的使用

滇中引水工程施工控制网平面坐标系统为挂靠在 1954 北京坐标系统 1°带分带方式下，边长投影至选定的高程面上的工程独立坐标系统。

工程每个区段的施工作业面，与该区段选定的投影面之间往往存在高程差。当高程差达到一定数值时，其高程归化的投影变形量就可能超过规范限定的 2.5cm/km，从而影响施工放样精度。

根据测算,要将测距边的投影变形量控制在 2.5cm/km 以内,工程的高差限值为 150m。因此,对滇中引水工程施工控制网提供的坐标进行使用时,要根据施工作业区段的高程值 H_m 与该区段选定的投影面高程值 H_p 的差值情况来分别处理。

1)当 $|H_p-H_m|<150m$ 时,可直接使用施工控制网成果对设计资料提供的坐标数值进行施工放样。

2)当 $150m<|H_p-H_m|<300m$ 时,可选定 H_p 与 H_m 的平均值 H_0 作为新的投影面高程值。在洞口区域,使用离放样点最近的施工控制网点作为基准点,将放样参数投影到 H_0 上。在洞内区域,须随时检查贯通点的方位角。

例如,在大理Ⅰ段的香炉山隧洞 1# 施工支洞区域,其平均高程值约为 2080m,与该区段选定的 1900m 投影面的高程差值达到了 180m。此时,可设定的高程面 $H_0=(1900+2080)/2=1990m$,再将设计资料提供的基于 $H_p=1900m$ 高程面的坐标数值投影到 $H_0=1990m$ 的高程面上。

3)当 $|H_p-H_m|>300m$ 时,应设置多个投影面 H_1、$H_2\cdots H_n$,当 $H_p<H_m$ 时,$H_n=H_p+(2n-1)\times150$;当 $H_p>H_m$ 时,$H_n=H_p-(2n-1)\times150$。其中,最后一个新投影面 H_n 与 H_m 的差值应不超过 150m,再将设计资料提供的坐标数值根据区段分别投影到 n 个投影面上,从而控制边长投影变形量。

例如,在香炉山隧洞 2# 施工支洞区域,其平均高程值约为 2340m,与该区段选定的 1900m 投影面的高程差值达到了 440m。此时应设置 2 个新投影面,其中 $H_1=1900+150=2050m$,$H_2=1900+3\times150=2350m$,再将基于 $H_p=1900m$ 高程面的坐标数值按区段分别投影到 H_1 和 H_2 高程面上。再例如,在香炉山隧洞 6# 施工支洞区域,平均高程值约为 3100m,与该区段选定的 1900m 投影面的高程差值达到了 1200m。此时须设置 4 个新投影面,其中 $H_1=1900+150=2050m$,$H_2=1900+3\times150=2350m$,$H_3=1900+5\times150=2650m$,$H_4=1900+7\times150=2950m$,再将基于 $H_p=1900m$ 高程面的坐标数值按区段分别投影到 4 个新高程面上。

平面施工控制网加密可根据地形条件及放样需要决定,以 1~2 级为宜,但最末级平面控制网相对于首级平面控制网的点位中误差不应超过 ±10mm。

10.3　高程控制网成果的使用

(1)普通水准点成果的使用

高程施工控制网点由基本水准点和普通水准点两类组成。普通水准点为岩层普通水准标石或混凝土普通水准标石,只埋设了一个水准上标志,施测了一个上标志水准高程,如图 10.3-1。

（2）基本水准点成果的使用

基本水准点为岩层基本水准标石或混凝土基本水准标石，包括水准上标志和水准下标志。基本水准点的上标志纳入水准测量路线中进行观测，下标志采用支测方式进行观测。成果使用时应特别注意区分上标志成果与下标志成果。其中，上标志一般会标注"JS"字样，下标志一般会标注"JX"字样，标石基座标志为下标志，柱面顶部标志为上标志，上标志高程大于下标志高程，如图 10.3-2 所示。

图 10.3-1　普通水准点水准标志示意图

图 10.3-2　基本水准点上、下标志示意图

（3）观测墩高程成果的使用

观测墩的高程成果包括基座水准点高程和辅助水准点高程。基座水准点在观测墩底部基座一角的圆形凹槽内，辅助水准点在观测墩顶部的强制对中盘上，如图 10.3-3 所示。其中，能进行直接水准测量的观测墩，将其基座水准点纳入水准测量路线中进行观测，顶面上的水准标志（观测墩水准上标志，如图 10.3-4 所示）采用支测水准方式进行观测。

图 10.3-3　观测墩基座水准标志示意图

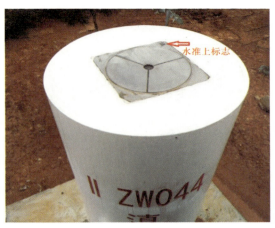

图 10.3-4　观测墩顶面水准标志示意图

　　在观测墩上进行平面控制测量、电磁波测距三角高程测量、施工放样测量时,仪器高的量一般应以观测墩顶面的辅助水准点为基准。

　　(4)观测墩平面成果的使用

　　观测墩的平面成果是以观测墩顶部的强制对中盘连接螺丝中心为基准的,全站仪、GNSS、基座、棱镜等仪器设备应采用连接螺丝与强制对中盘精准连接,其连接误差不应大于±0.1mm,如图 10.3-5 所示。

图 10.3-5　观测墩顶面平面对中标志示意图

第 11 章　施工控制网的维护与复测

11.1　施工控制网受影响的主要因素

滇中引水工程首级施工控制网圆满完成了合同要求的各项工作内容,从本次建网精度来看,质量优良。但由于下述原因,在后续的使用过程中可能存在影响成果质量的因素:

1)测量标志埋设后没有满足经过一个雨季的稳定期的要求。按照《国家一、二等水准测量规范》(GB/T 12897—2006)第 5.2.8 条及《全球定位系统(GPS)测量规范》(GB/T 18314—2009)第 8.2.7 条的规定,测量控制点埋设完成后至少须经过一个雨季后方可进行观测。滇中引水工程首级施工控制网按照合同工期要求,联合体各成员单位于 2016 年 11 月下旬开始进场选点埋标,2017 年 2 月底前结束标志埋设工作。而云南省的雨季一般在每年的 6—9 月,因此埋设的控制点在经过 2017 年的雨季后,标石可能会出现沉降,导致成果出现粗差。

2)云南地处印度板块与欧亚板块碰撞带东侧,地质构造复杂,构造运动强烈,活动断裂发育,是我国最活跃的地震构造区之一和重点监视强震活动区。云南地区地震活动以强度大、频率高、灾害重、分布广而著称,是我国破坏性地震频发、地质灾害严重的地区。滇中引水工程取水口区域位于青藏高原东部,板块活动较为频繁;输水总干渠穿越 16 条活动断裂,其中全新世活动断裂 5 条,分别为龙蟠—乔后断裂、丽江—剑川断裂、鹤庆—洱源断裂、曲江断裂、建水盆地东缘断裂。据云南地震台网测定,云南及周边地区($20°\sim30°$N,$96°\sim107°$E),2017 年 2 月共发生地震 731 次,3 月共发生地震 1164 次,4 月共发生地震 1066 次,5 月共发生地震 1063 次,6 月共发生地震 1072 次,7 月共发生地震 870 次。如此频繁的地震,虽然震级不大,但对建立的滇中引水工程施工控制网点成果必然会造成不可忽视的影响。

基于上述两个方面的原因,2016—2017 年建立的滇中引水施工控制网点成果在后续使用中可能会出现不同程度的粗差,对工程建设可能会造成影响。因此,控制网成果在施工过程中建议定期复测更新。

11.2　施工控制网的维护

滇中引水工程施工历时时间长,该项目所布设的控制点还可能承担着今后安全监测的

任务。因此,对控制点标石的保护至关重要。在标石埋设时应采取以下措施:

1)尽量将控制点标石埋设在施工范围外僻静并便于保护的地方,使其尽可能不受施工和其他工作的影响。

2)在进行标石埋设和观测过程中,大力向附近的老百姓宣传测绘法,宣传测量标志在工程中的作用,提高其保护标石的意识。

3)向业主建议,由业主向工程施工单位下发在施工过程中保护测量标志的相关文件。

4)在移交标石一年内,不定期地派人对控制点进行巡查,对出现的标石缺损进行修复维护;对损毁标石(含发生位移的控制点),按建网时的埋设和观测要求进行恢复重建,以保证控制网的完整性,满足工程建设的要求。

11.3　施工控制网的复测

《水利水电工程施工测量规范》(SL 52—2015)规定:"平面控制网建立后,应定期进行复测,尤其在建网一年后或大规模开挖结束后,必须进行一次复测。若使用过程中发现控制点有位移迹象时,应及时复测。""平面控制网建成后,在下列情况下应进行复测:①平面控制网建成一年后;②开挖工程基本结束、进入混凝土工程和金属结构、机电安装工程开始之时;③处于高边坡部位或离开挖区较近的控制点,应适当增加复测次数;④发现网点有被撞击的迹象或其周围有裂缝或有新的工程活动时;⑤遇明显有感地震;⑥利用控制网点作为起算数据进行布设局部专用控制网时。"

综合上述规范要求及影响控制网成果的各种因素,为保证工程的顺利进行,有必要对施工控制网开展定期的复测工作。

参考文献

［1］ Geoffrey Blewitt，David Lavallee，Peter Clarke. A New Global Mode of Earth Deformation：Seasonal Cycle Detected，Science，2001，294：2342-2345.

［2］ Giovannetti V，Lloyd S，Maccone L. Quantum enhanced positioning and clock synchronization. Nature，2001，412：417-419.

［3］ 杨爱明，严建国，杨成宏，等. 南水北调中线工程施工测量控制网系统研究. 人民长江，2010，41(19)：30-33.

［4］ 许其凤. 现代 GPS 相对定位的精度. 测绘通报，2003，5：6-8.

［5］ 杨爱明，姜本海. 长江中下游重要堤防隐蔽工程建设工程测量. 人民长江，2007，38(10)：77-80.

［6］ 顾利亚，岑敏仪. 施工控制网的优化设计. 西南交通大学学报，1997，32(2)：160-164.

［7］ 王岩. 高精度施工控制网平差系统的研究与开发. 南京：河海大学，2005.

［8］ 耿汉文. 水利工程施工控制网的优化设计. 电子政务与地理信息技术论文专辑∥耿汉文，水利工程施工控制网的优化设计. 现代测绘，2005，S1：130-131.

［9］ 朱江，包欢. 控制网优化设计中的蒙特卡罗法. 测绘学院学报，2003，20(3)：174-176.

［10］ 姚楚光，杨爱明，严建国，等. 南水北调中线工程施工控制网精度与等级论证研究. 南水北调与水利科技，2008，6(1)：298-307.

［11］ 许其凤，蒋善学，封延昌，等. 地区级 GPS 控制网的布设和数据处理. 解放军测绘学院学报，1997，14(1)：1-5.

［12］ 孔祥元，梅是义. 控制测量学，武汉大学出版社，2002.

［13］ 刘成贵，杨占英，李启录. 高海拔地区工程测量坐标系的选择. 青海国土经略，2009：41-42.

［14］ 张正禄，张松林，伍志刚，等. 20～50km 超长隧道(洞)横向贯通误差允许值研究. 测绘学报，2004，33(1)：83-88.

［15］杜传鹏.长大隧洞贯通误差分析及程序实现.成都:西南交通大学,2013.

［16］徐辉.长大隧道控制测量方法综述.隧道建设,2008,28(5).

［17］杨成宏,丁涛.南水北调中线工程穿黄隧洞施工控制测量技术.人民长江.2010,41(17):34-36.

［18］李世安,刘经南,施闯.应用 GPS 建立区域独立坐标系中椭球变换的研究.武汉大学学报(信息科学版),2005,30(10):888-891.

［19］于亚杰,赵英杰,张月华.基于椭球膨胀法实现独立坐标系统的建立.测绘通报,2011(12):33-36.

［20］余代俊.试论选择地方参考椭球体长半径的合理公式.测绘科学,2005,30(5):36-38.

［21］况金著,夏神州.通过椭球变换建立区域坐标系的高斯投影算法.地矿测绘,2011,27(4):11-14.

［22］丁士俊,畅开蛳,高琐义.独立网椭球变换与坐标转换的研究.测绘通报,2008,(8):4-6,35.

［23］Yang Zhanji. Precise Determination of Local Geoid and Its Geophysical Interpretation. Hong Kong:The Hong Kong Polytechnic University,1998.

［24］李胜,GPS 高程异常拟合研究,大连:大连理工大学,2006.

［25］Denker H,Leigemann D,Torge W,et al. Strategies and requirements for a new European geoid determination. Proceedings of the International Symposium on the Definition of the Geoid,Istituto Geografico Militare Italiano. Florenee,Italy,1986:207-222.

［26］Tziavos I N. Sideris R Sehwartz C C. A study of the contributions of various gravimetric data types on the estimation of gravity field parameters in the mountains, Journal of Geophysical Research,1992:8843-8852.

［27］Torge,WandDenker H. Possible improvements of the existing European geoid, Determination of the Geoid,Present and Future,IAG Symposia No. 106,Eds. Rapp,R. H. and Sanso,F. ,New York:Springer-Verlag,1991:287-295.

［28］Schwartz K,Sideris M G. Forsberg R. The use of FFT techniques in Physical geodesy,Geophysical Journal International,1990:485-514.

［29］Hwang C W. Parsons B. Gravity anomalies derived from Seasat,Geosat,ERS-1 and Topex/Poseidon altimetry and ship gravity:A case study over the Reykjanes ridge,

Geophysical Journal International,1995:551-568.

［30］ Knudsen P,Andersen O B. Improved recovery of the global marine gravity field from GEOSAT and the ERS-1 geodetic mission altimetry,International Association of Geodesy Symposia,Vol. 117,Gravity,Geoid and Marine Geodesy,Segawa,J. ,Fujimoto,H. and Okubo,S. (Eds.),Tokyo,Japan,September 30-October 5,1996:429-436.

［31］ Olgiati A,Balmino G,Sarrailh M, et al. Gravity anomalies from satellite altimetry:comparison between computation via geoid heights and via deflections of the vertical. Buietin Geodesique,1995:252-260.

［32］ Kern M,Schwarz K P,Sneeuw N. A study on the combination of satellite, airborne,and terrestrial gravity data. Journal of Geodesy,2003:217-225.

［33］刘紫平,余代俊,惠海鹏. 几款商用 GPS 数据处理软件基线解算结果比较分析. 矿山测量,2011(1):18-20,42.

［34］宁津生,罗志才,李建成. 我国省市级大地水准面精化的现状及技术模式. 大地测量与地球动力学,2004(2):4-8.

［35］张正禄,邓勇,罗长林,等. 大型水利枢纽工程高精度平面控制网设计研究. 测绘通报,2007,1:33-35,53.

［36］王东明,地球重力场的球面小波分析研究. 地学前缘,2000,7(BO8):171-178.

［37］ Zhang Qiong. Discussion on Some Questions of GPS Surveying Control Network. Journal of Guangdong Technical College of Water Resources and Electric Engineering,2009(7):136-39.

［38］高连胜. GPS 技术在水利工程测量中的应用,测绘与空间地理信息,2010,33(3):166-170.

［39］洪海. GPS 在水利工程中的应用综述,水利科技与经济,2009,15(2):168-170.

［40］郑敏,舒海翅,马能武. 特大型水利工程 GPS 监测基准网新技术应用. 人民长江,2010,41(20):75-78.

［41］陈俊勇. 高精度局域大地水准面对布测 GPS 水准和重力的要求. 测绘学报,2001,(3):189-191.

［42］李春华. 基于网络 GPS 和精化大地水准面的区域实时三维定位理论与应用,成都:西南交通大学,2010.

［43］ Liu Jingnan,Ge Maorong. PANDA Software and Its Preliminary Result of positioning and Orbit Determination. Geomatics and Information Science of Wuhan University,2003,8(2B):603-609.

[44] Herring T A,King R W,McClueky S C. Introduction to GAMIT/GLOBK Release 10.3. Massachussetts Institute of Technology,2006.

[45] Bar-Sever Y E,Kuang D. New Empirically Derived Solar Radiation Pressure Model for Global Positioning System Satellites During Eclipse,The Interplanetary Network Progress Report,Pasadena,Jet Propulsion Laboratory,2005:1-4.

[46] Alber C,Ware R,Rocken C. Obtaining single path phase delays from GPS double differences. Geophysical Research Letter,2000,27(17):2661-2664.

[47] 姚宜斌. GPS 精密定位定轨后处理算法与实现. 武汉:武汉大学测绘学院,2004.

[48] 陈宪冬. GPS 精密定位定轨软件研究,成都:西南交通大学,2009.

[49] Opperman B D,Cilliers P J,McKinnell,et al. Development of a regional GPS-based ionospheric TEC model for South Africa. Advances in Space Research. 2007,39(5): 808-815.

[50] Zheng D W,Zhong P,Ding X L,et al. Filtering GPS time-series using a Vondrak filter and cross-validation. Journal of Geodesy,2005,79 (6):363-369.

[51] Ge L L,Han S W,Rizos C,et al. GPS Multipath Change Detection in Permanent GPS Stations. Survey Review,2002 (36):306-322.

[52] Featherstone W E,Sproule D M. Fitting AUS-Geio98 to the Australian Height Datum Using GPS leveling and Least Squares Collocation:Application of a Cross-validation Technique. Surveying Review,2006,38(301):573-582.

[53] 施一民. 现代大地控制测量. 北京:测绘出版社,2008

[54] 魏子卿. 大地坐标系新探. 武汉大学学报(信息科学版),2011,36(8):883-886.

[55] 张辛,杨爱明,许其凤,等. 滇中引水工程独立坐标系统建立的关键技术研究. 武汉大学学报(信息科学版),2014,39(9):1047-1051.

[56] 水利水电工程测量规范:SL 197—2013. 2013.

[57] 范一中,王继刚,赵丽华. 抵偿投影面的最佳选取问题. 测绘通报,2000(2):20-21.

[58] 王怀念. 最佳抵偿投影面的理论推导. 测绘通报,2004(10):18-19,29.

[59] Sanchez L,Brunini C. Achievements and Challenges of SIRGAS,Geodetic Reference Frames. International Association of Geodesy Symposia,Munich,Germany,2006.

［60］徐绍铨,程温鸣,黄学斌,等. GPS 用于三峡库区滑坡监测的研究. 水利学报,2003(1):114-118.

［61］国家一、二等水准测量规范 GB/T 12897—2006.2006.

［62］国家三、四等水准测量规范 GT/T 12898—2009.2009.

［63］水电水利工程施工测量规范 DL/T 5173—2012.2012.

［64］水电水利工程施工测量规范 DL/T 5173—2003.2003.

［65］全球定位系统(GPS)测量规范 GB/T 18314—2009.2009.

［66］全球定位系统(GPS)测量规范 GB/T 18314—2001.2001.

［67］Wu Zhigang, Wang Weiguo, Zhang Guoliang, et al. Research on Piercing Surveying Technique for Super Long Tunnel and its Application. Tianjin:Tianjin investigation and design institute Chinese Ministry of Hydroenergy,2002.

［68］王全全,范玖国. GPS 边角混合网在特长引水隧洞控制测量中的应用. 矿山测量, 2009,6:81-83.

［69］江权,冯夏庭,周辉. 锦屏二级水电站深埋引水隧洞群允许最小间距研究. 岩土力学,2008,29(3):656-662.

［70］宋志辉,谷海青. 输水隧洞的控制测量和施工测量放线探析. 南水北调与水利科技,2007,5(增刊):88-90.

［71］白玉春,胡文元. 特长引水隧洞 GPS 控制测量研究与应用. 测绘通报,2008,10:43-45.

［72］苑立峰,王世杰,段会岳,等. 长距离隧道洞内平面控制测量. 测绘工程,2010,19(5):75-77.

［73］雷建朝. 高精度平面控制网的建立及一些问题的探讨. 西北水电,2002(2):25-27.

［74］王岩,岳建平,周保兴,等. 工程控制网点位稳定性分析方法的研究. 测绘通报, 2004(8):12-14.

［75］李志鹏,张辛,喻守刚,等. 基于地面三维激光扫描的大比例尺地形测绘方法的研究和实现. 人民长江,2014,45(7):70-73.

［76］李少元,李孟山. 用有限元法进行测边控制网平差. 石家庄铁道学院学报,2001,14(3):47-50.

［77］王磊,郭际明,申丽丽,等. 顾及椭球面不平行的椭球膨胀法在高程投影面变换中的应用. 武汉大学学报:信息科学版,2013,38(6):725-733

[78] 衣晓,何友,关欣.一种新的坐标变换方法.武汉大学学报(信息科学版),2006,3:237-239.

[79] 金双根,朱文耀.全球板块运动的背景场及其研究进展.地球科学进展,2002,17(5):782-786.

[80] 张辛,杨爱明,姜本海,等.顾及高程变化的长距离引水工程投影面选择.人民长江,2014,45(9):74-76.

[81] 张辛,姜本海,李志鹏,等.椭球膨胀法在高原长距离工程中的应用研究.测绘工程,2014,23(9):40-44.

[82] Kim D,Serrano L,Langley R. Innovation:Phase Wind-Up Analysis:Assessing Real-Time Kinematic Performance,GPS World. 2006,17(9):58-64.

[83] Ray J,Senior K. ERRATUM:IGS/BIPM pilot project:GPS carrier phase for time/frequency transfer and timescale formation. Metrologia,2003,40(4):270-272.

[84] Herring T A,King R W,McClueky S C. Introduction to GAMIT/GLOBK Release10.3. Massachussetts Institute of Technology,2006.

[85] Opperman B D,Cilliers P J,McKinnell L,et al,Development of a regional GPS-based ionospheric TEC model for South Africa. Advances in Space Research. 2007,39(5):808-815.

[86] Dach R,Schildknecht T,Hugentobler U,et al. Continuous Geodetic Time Transfer Analysis Methods. IEEE transactions on ultrasonics,ferroelectrics,and frequency control,2006,53(7):1250-1259.

[87] 窦和军,武晓忠.应用 GAMIT 软件解算高精度 GPS 网.西部探矿工程,2007,(1):100-102.

[88] 赵佳儒.基于 GAMIT 软件的 GPS 数据处理框架建设.中国地震局地震预测研究所,2007.

[89] 章琼.GPS 大型控制网中的若干问题探讨.广东水利电力职业技术学院学报,2009,7(1):36-39.

[90] 于立国.GPS 技术在平面控制网中的应用研究.青岛:山东科技大学,2005.

[91] 李辉.高精度 GPS 控制网的优化设计研究.北京:北京交通大学,2009.

[92] 赵齐乐,刘经南,葛茂荣,等.均方根信息滤波和平滑及其在低轨卫星星载 GPS 精密定轨中的应用.武汉大学学报(信息科学版),2006,31(1):12-15.

［93］郑作亚,陈永奇,卢秀山.UKF算法及其在GPS卫星轨道短期预报中的应用.武汉大学学报(信息科学版),2008,33(3):249-252.

［94］刘经南,葛茂荣.PANDA Software and its Preliminary Result of positioning and orbit Determination.武汉大学学报(自然科学版),2003,8(2B):603-609.

［95］刘焱雄,彭琳,周兴华,等.网解和P即解的等价性.武汉大学学报(信息科学版),2005,30(8):736-738.

［96］赵齐乐,刘经南,葛茂荣,等.均方根信息滤波和平滑及其在低轨卫星星载GPS精密定轨中的应用,武汉大学学报:信息科学版,2006,31(1):12-15.

［97］张胜凯,鄂栋臣,闫利,等.东南极格罗夫山GPS控制网的布设与数据处理.极地研究,2006,18(2):123-129.

［98］唐春云.随机GPS数据处理软件的使用及对比.全球定位系统,2012,37(2):81-84.

［99］邬群勇,张爱国,许其凤,等.GPS移动定位与移动网络定位精度的分析.全球定位系统,2010,35(5):33-37,53.

［100］张辛,许其凤,杨爱明,等.GPS数据处理软件的高精度基线解算研究.全球定位系统,2014,39(3):33-36,52.